Python
数据分析实战

思路详解 与 案例实践

罗博炜　编著

化学工业出版社

·北京·

内 容 简 介

本书在简要介绍数据分析的统计学基础后，结合实例阐释线性回归、逻辑回归、决策树、随机森林、聚类分析、主成分分析、关联规则挖掘等常用算法的原理与应用，并通过覆盖诸多业务场景的案例，如零售超市业绩评估、广告营销渠道分析、网约车运营分析、网站改版分析等，呈现数据分析的思路与方法。最后，本书还探索了ChatGPT在数据分析中的应用。

无论是数据分析初学者、数据营销分析人员、数据产品经理，还是数据科学相关专业学生，都可通过本书了解并学习实用的数据分析知识和技能。

图书在版编目（CIP）数据

Python数据分析实战：思路详解与案例实践 / 罗博炜编著 . —北京：化学工业出版社，2024.4
ISBN 978-7-122-44978-8

Ⅰ．①P… Ⅱ．①罗… Ⅲ．①软件工具-程序设计
Ⅳ. ①TP311.561

中国国家版本馆CIP数据核字（2024）第067686号

责任编辑：张　赛　耍利娜　　　　　文字编辑：袁玉玉　袁　宁
责任校对：边　涛　　　　　　　　　装帧设计：王晓宇

出版发行：化学工业出版社（北京市东城区青年湖南街13号　邮政编码100011）
印　　刷：北京云浩印刷有限责任公司
装　　订：三河市振勇印装有限公司
710mm×1000mm　1/16　印张17½　字数324千字　2024年6月北京第1版第1次印刷

购书咨询：010-64518888　　　　　　售后服务：010-64518899
网　　址：http://www.cip.com.cn
凡购买本书，如有缺损质量问题，本社销售中心负责调换。

定　　价：79.00元　　　　　　　　　　　　　　版权所有　违者必究

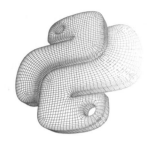

前 言
PREFACE

在这个数据驱动的时代，数据分析已经成为社会生产与经营中不可或缺的一部分。如何善用数据，挖掘其中的规律与趋势，不仅是管理者与决策者最为关注的，更是数据科学工作者所必备的技能。

本书精选诸多有代表性的行业案例，将相关算法原理解读与实际应用相结合，旨在帮助读者快速学习数据分析的核心技法与精髓，在不同领域中更准确地发掘数据背后所隐含的巨大价值。

本书共19章，在介绍数据分析必备的统计学基础之上，以各种实例演示数据分析常用算法，如线性回归、逻辑回归、决策树、随机森林、聚类分析、主成分分析、关联规则挖掘等。除此以外，本书还关注数据分析在多种业务领域的实践，从零售超市业绩评估、广告营销渠道分析，到网约车运营分析、网站改版分析等。这些不同领域的案例呈现了数据分析的工作思路与方法，无论读者是有学习需求，还是想实战演练，本书都会提供有益的支持。

在最后一章中，笔者还特别介绍了ChatGPT在数据分析中的应用。相信这一章能为读者学习与实践提供更多的思路和灵感。

1. 本书的读者对象
- 数据分析初学者；
- 数据营销分析人员；
- 数据产品经理；
- 高校学生。

2. 如何阅读本书
数据分析离不开编程工具的支持，为方便读者学习，笔者提供了数据分析相关的Python基础、第三方库Numpy和Pandas的使用（数据处理与清洗），以及探索性数据分析与绘图（变量处理与报表制作）等编程相关内容的电子文档。因此，针对不同的读者，除正序阅读外，本书还可有以下三种阅读方式。

（1）初级数据工作者：阅读完电子版的Python基础后，直接跳到第11章进行阅读，以实际业务案例为导向，遇到不懂或遗忘的知识点再往前翻看。

（2）具备Python编程基础和统计学基础的读者：直接从第2章的数据分析实战案例开始读起，加深对相关分析算法的应用理解。

（3）无任何基础的初学者：从电子版的Python基础内容开始，然后逐章学习，由基础到实践，系统地学习数据分析。

3.勘误和支持

由于笔者水平有限，书中难免会出现不足之处，恳请读者批评指正。如果有更多的宝贵意见，欢迎发送邮件至bowei59295@gmail.com。

关于本书的配套资源（Python基础、各章数据和代码），读者可访问化学工业出版社官网>服务>资源下载页面（www.cip.com.cn/Service/Download），搜索本书并获取配书资源的下载链接。

4.致谢

本书的构思和写作过程得到了很多老师、同行和朋友的启发与帮助，在此表示感谢。

此外，笔者还要感谢家人的关心和理解，正是他们的支持与付出，才能让笔者安心写作。笔者的母亲是本书的第一个读者，她从零开始，通过本书掌握了Python编程基础并入门数据分析，另外还针对一些描述不清及有歧义的地方提出了改进建议。

谨以此书，献给在摸索中努力前行的朋友们！

编著者

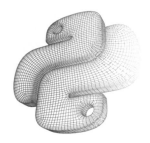

目 录

CONTENTS

第 **1** 章

数据分析的统计学基础

统计学是数据分析工作的基础。了解必要的统计学知识，才能将数据洞见与实际业务充分结合起来，做真正有用的分析，从而指导现实决策。本书并不是专业的统计学书籍，故不会深究过于高深的概念和公式推导。本章将通过简单易懂的案例，展示数据分析所需的一些核心的统计学知识点。

1.1　统计学中的一些概念

统计学主要有两个分支：描述统计与推断统计。

- 描述统计：总结数据使之更容易让人理解，通常也被称为探索性数据分析。一般常用在市场调研和产出各种研究报告上。
- 推断统计：基于小样本数据的分析来对大样本（甚至是总体）做出推论。常用于抽样调查、假设检验和市场营销分析等场景。

无论哪种，都围绕总体与样本之间的关系展开。

1.1.1　总体与样本

研究客观事物时，总体是包含所有研究个体的集合，样本则是从总体中抽样得到的部分个体的集合。如我们需要研究某市的房价，那么所有房屋的总集便是总体，每一套房屋则是一个体。因为统计全部房屋数据的工作量实在太大，所以对该市16个区的房屋进行小部分随机抽样，比如每个区随机抽选100套房屋，将被抽中的这1600个个体汇总，便形成了样本。

关于总体、个体与样本之间的关系。读者可能还会产生以下疑问。

➢　**个体的集合就是样本？**

既然是通过样本来估计总体，那么样本是否能代表总体就是一个非常值得重视的问题。所以样本不只是简单的部分个体的集合。样本量能够达到一定要求，且每个个体被抽中的可能性均等，才可以认为样本是具有代表性的。本书中假定样本都能代表总体。

➢　**样本真的能代表总体吗？会不会存在误差？**

事实上，只要不是直接对总体进行研究，那就一定会有误差。当误差在一定范围内时，我们不会推翻"样本能够代表总体"这个假设。这部分知识将在介绍假设检验与假设检验误差时提及。

1.1.2　参数与统计量

很多时候，总体的信息往往无法获取，因此需要通过样本统计量来估计总体参数。参数和统计量这两个词是对总体和样本统计信息的描述。总体与样本常用的统计描述符号如表1-1所示。

表1-1　总体与样本常用的统计描述符号

项目	参数	统计量	项目	参数	统计量
词语作用	描述总体的信息	描述样本的信息	方差	σ^2	S^2
均值（平均数）	μ	x	标准差	σ	S

正因为实际研究中总体的信息往往难以获取，所以在对总体的一些指标进行推断时，会通过推断样本统计量来估计总体参数。

1.1.3　变量的度量类型

数据分析中，变量代表事物的特定属性或特征，用于描述、测量和分析研究对象。理解不同的变量度量类型有助于选择适当的统计方法和正确解释数据。一般来说，变量有三种类型。

① 名义变量：变量包含了类别信息，类别是没有顺序的，即无大小、高低和次序之分。比如"性别""居住城市"等指标。

② 等级变量：一种有序分类的变量。与名义变量刚好相反，它有大小、高低和次序之分。比如"空气质量等级"、问卷调查中的"用户满意度"指标等。

③ 连续变量：连续变量在规定范围区间内可取任意值。比如人口统计学中的"薪资"这一指标，只要不低于0，其他任意数字都有可能出现，类似的变量还有互联网领域的网站点击率。

通常，名义变量和等级变量被统称为分类变量。分类变量是相对于连续变量而言的。从表面上看：取值水平（即变量的不同值）有限的就是分类变量，无限的就是连续变量。但在实际工作中，我们常将两者相互转化。

1.1.4　变量的分布类型

如图1-1所示，样本中的每个个体都由一个或多个变量构成。

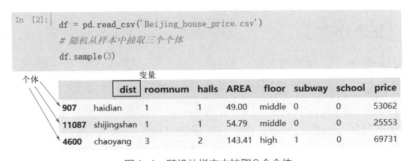

图1-1　随机从样本中抽取3个个体

变量的分布类型是对变量实际分布的概括和抽象。了解变量分布的意义在于，只要知道某个变量服从某种分布，就可以很快地了解该变量在相应取值时的概率，并结合对应的业务场景做出假设和分析。

假设我们观察的是两组数据：城市居民和乡村居民每天的步行步数。由于生活习惯和环境的不同，我们可以合理假设这两个变量服从不同的分布（图1-2）。

通常，城市居民可能步行较少，步数的分布集中在一个较低的平均值周围；而乡村居民可能由于日常劳动和交通方式的不同，步行较多，步数的分布会集中在一个较高的平均值。通过比较这两个分布，我们不仅能了解每个群体的步行习惯，还能预测某一特定步数的概率，为城乡规划和健康促进策略提供数据支持。

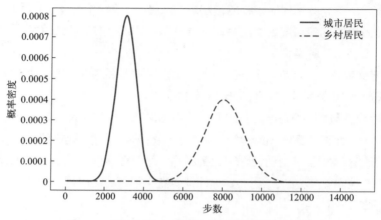

图1-2   城市居民和乡村居民每日步数的概率分布图

图1-2中，横轴为变量的数值；纵轴为概率密度，用于描述连续变量在某个特定取值点附近的概率。

统计学领域经常遇到的分布有二项分布、正态分布、卡方分布、t分布、F分布、均匀分布和泊松分布等。我们常说的某变量服从某个分布，是从简化分析的角度做的假设，后续便基于该假设进行分析。

1.1.5　正态分布

正态分布是统计学中最为常见的分布之一，也被称为高斯分布或钟形曲线。所谓正态分布，就是正常状态下一般事物总体呈现出的一种数据分布规律。自然界中许多随机现象的分布都符合正态分布，如人的身高、体重等。

假设某变量服从正态分布，正态分布曲线如图1-3所示。曲线是左右对称的，它的均值μ和标准差σ有很强的代表性。即只要知道其均值和标准差，该变量的分布情况就可完全知晓。如变量取值为"均值两倍标准差内"的概率为95.4%；该变量的值大于"均值+两倍标准差"的概率为2.3%[(1-95.4%)/2]。

1.1.6　Z分数

Z分数是将个体分数X、个体所在样本或总体的平均值和标准差串在一起的一个概念。它是对普通数据进行标准化转换的结果，即将符合正态分布的普通数据转化为标准正态分布，进而更方便对其分布进行计算。

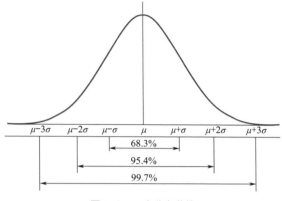

图1-3 正态分布曲线

Z分数的计算公式为

$$Z = \frac{X - \mu}{\sigma}$$

该公式可用来描述某一特定个体在其分布中高于（或低于）平均数的标准差数目。标准差代表数据的变异程度。

需要注意的是，Z分数是一种基于正态分布的标准化工具，其值表示原始数据点与均值之间的距离，用于比较不同样本间的相对位置。

	编号	性别	家庭所在地区	平均月生活费
0	1	男	大型城市	800
1	2	女	中小城市	600
2	3	男	大型城市	1000
3	4	男	中小城市	400
4	5	女	中小城市	500

图1-4 学生调查数据节选（共30条）

下面将以一份学生消费水平数据来展示Z分数的求解过程与意义（数据节选如图1-4所示）。

```
df = pd.read_excel('学生调查数据.xlsx')
df.head()
```

随机抽取一位同学，计算其"平均月生活费"（假设该变量的总体分布服从正态分布）的Z分数（图1-5）。

```
# 随机抽取一位同学，计算他的 平均月生活费 的Z分数
classmate = df.sample()
# 个体分数：被抽中的同学的平均月生活费
individual = classmate['平均月生活费'].values[0]
# 求解平均值和标准差，计算Z分数
mean, std = df['平均月生活费'].mean(), df['平均月生活费'].std()
z = (individual - mean) / std
```

```
result = {'个体分数': individual,
          '样本平均值': round(mean, 3),
          '样本标准差': round(std, 3),
          '个体Z分数': round(z, 3)}

print('该同学的个人信息...')
classmate
print(result)
```

该同学的个人信息...

编号	性别	家庭所在地区	平均月生活费
6	7	男	中小城市	600

{'个体分数': 600, '样本平均值': 613.333, '样本标准差': 233.021, '个体Z分数': -0.057}

图1-5   Python求解Z分数

　　求出该同学"平均月生活费"的Z分数为−0.057后（图1-5），可以通过标准正态分布表（图1-6）查找对应数值，得出个体分数所在的位置。0.057大概在图1-6中圈起来的两个数字之间（0.5199 ~ 0.5239，取0.5224）；而因为个体分数值是−0.057，所以我们可以说该同学的平均月生活费大概比47.76%（1−0.5224）的同学要高（或者说其平均月生活费大概比52.24%的同学要低）。

z	0.00	0.01	0.02	0.03	0.04	0.05	0.06	0.07	0.08	0.09
0.0	0.5000	0.5040	0.5080	0.5120	0.5160	0.5199	0.5239	0.5279	0.5319	0.5359
0.1	0.5398	0.5438	0.5478	0.5517	0.5557	0.5596	0.5636	0.5675	0.5714	0.5753
0.2	0.5793	0.5832	0.5871	0.5910	0.5948	0.5987	0.6026	0.6064	0.6103	0.6141
0.3	0.6179	0.6217	0.6255	0.6293	0.6331	0.6368	0.6406	0.6443	0.6480	0.6517
0.4	0.6554	0.6591	0.6628	0.6664	0.6700	0.6736	0.6772	0.6808	0.6844	0.6879

图1-6   标准正态分布表（节选）

1.2   假设检验基础

　　如其字面含义一样，假设检验是对希望探究的问题提出假设，再用数据信息来判断假设是否成立的过程。统计学中的假设检验都围绕着"样本与样本"和"样本与总体"展开。

　　因为受制于各种各样的条件，很多时候我们无法直接研究总体，所以需要通过研究样本（样本的均值、标准差等）来推测总体（总体的均值、标准差等），这也被叫作推断统计。但如此一来，误差必然存在，至于到底是误差，还是错误，这正是假设检验擅长解决的问题。下面是一些常见的应用场景。

① 网页 AB 测试：即测试网页改版后，是否对用户更具吸引力。比如，改版前的用户点击率为12%，改版后变为15%。但这些用户数据都只是样本，还不是总体（只选取了一段时间进行测试，无法预估未来），所以这3%的差距到底是偶然产生的误差？还是改版带来的提升？

② 各种"率"的验证：为节省人力物力，对某行业员工的收入增长率进行随机抽样，那这个"随机抽样"出来的样本情况能代表"该行业所有员工"这个总体吗？

1.2.1　假设检验的基本要点

假设检验的基本五要素：零假设、备择假设、显著性水平、检验统计量、p 值。

（1）零假设与备择假设

假设总是以一正一反成对出现的。有一个假设 A，就必定会有这个假设不成立时的对立假设 B 存在。零假设的"零"字通常表示"没有区别"的意思，也就是数学符号"="；备择假设则是零假设不成立时，我们被迫承认的假设。

这会有点像抬杠，绞尽脑汁只为了证明对方是错的。所以，我们会把想推翻的放在零假设上。毕竟"没有区别"不是我们希望看到的，它表明没有继续研究下去的意义。这就引出了关键的一点：等号永远在零假设上（=，≥，≤）。比如：

① 零假设（H_0）：2012年某市房价增长率不高于国家限定的阈值10%。（≤）
② 备择假设（H_1）：2012年某市房价增长率高于国家限定的阈值10%。（>）

（2）显著性水平、检验统计量和p值

一般的统计学教材会倾向于"显著性水平→检验统计量→p值"的概念解释顺序。但这里笔者会最先解释"p值"这一概念，因为它最不容易理解，且与其他两个概念的联系也较为紧密。

p 值表示在零假设成立的前提下，出现现状或更差情况的概率。

举个例子：小罗跟朋友小周说："我已经领会了掷硬币的诀窍，每次扔硬币都能使其正面朝上"。小周自然是不相信的，于是他要通过实验来检验。只见小周默默写下零假设和备择假设。

- 零假设（H_0）：这家伙（小罗）没有特别的掷硬币技巧，即硬币出现正反面的概率都是1/2。
- 备择假设（H_1）：这家伙（小罗）确实有特别的掷硬币技巧。

然后他们做实验，抛了20次硬币，结果有18次是正面朝上。那这个实验的 p 值该如何计算？

对小周来说，20次投掷里面有18次正面朝上"这个现状"已经是很少见的了。如果有19次，甚至20次都是正面朝上岂不是更少见？这也就是更差的情况。"更差"在这里可以理解成要被迫接受"这家伙有特别的掷硬币技巧"这一假设的证据了。所以，综合来看，出现现状或更差情况即为"出现正面的次数大于等于18次"。

这样一来，本例中 p 值的计算过程就变得非常清晰，即

$$P(X \geqslant 18) = P(X = 18) + P(X = 19) + P(X = 20)$$

$$= \binom{20}{18}\left(\frac{1}{2}\right)^{18}\left(\frac{1}{2}\right)^2 + \binom{20}{19}\left(\frac{1}{2}\right)^{19}\left(\frac{1}{2}\right)^1 + \binom{20}{20}\left(\frac{1}{2}\right)^{20}$$

结果约为0.0002。小周一看，如此小概率的事情发生了，便认为零假设并不成立。换言之，"这家伙确实有特别的投掷硬币技巧"。

接下来看显著性水平，它便是上面提到的"外界的判断标准"。显著性水平 α 通常设为0.05或0.01，如果 p 值小于 α，意味着我们可以拒绝零假设，并认为备择假设是正确的。

检验统计量是从样本数据中计算得到的一个指标或者统计量，用于评估样本数据在假设成立时的表现情况。比如 z 值（Z检验结果）、t 值（t检验结果）等，不同的假设检验方式各有不同，通过查表计算，便可得到 p 值。

（3）单侧检验和双侧检验

如果将小罗和小周打赌掷硬币的例子改为"检验硬币的均匀性"的话，"出现现状或更差的情况"就有所不同了。

- 零假设（H_0）：硬币是均匀的，所以正反面出现的概率各为1/2。
- 备择假设（H_1）：硬币不均匀。

实验过程及结果依然是一共抛了20次硬币，18次掷出正面。这时候，出现现状或更差的情况应该是什么呢？

答案应为"出现18、19、20次正面和0、1、2次正面"。因为"这个人掷硬币总能掷出正面"跟"检验硬币的均匀性"不同，前者带有明显方向性。所以，这时候出现现状为18次正面和18次反面（即2次正面），更差的情况为19、20次正面和19、20次反面（两者一样是更差的情况）。最终 p 值为

$$p = P(X \geqslant 18) + P(X \leqslant 2) = \sum_{k=18}^{20}\binom{20}{k}\left(\frac{1}{2}\right)^k\left(\frac{1}{2}\right)^{20-k} + \sum_{m=0}^{2}\binom{20}{m}\left(\frac{1}{2}\right)^m\left(\frac{1}{2}\right)^{20-m}$$

p 值计算结果约为0.0004，所以我们会拒绝零假设，从而认为硬币是不均匀

的。本例多了方向性这一前提，故假设检验便被细分成单侧检验和双侧检验。单侧检验中，我们只关注一种方向上的假设（如某药物是否能够降低胆固醇水平）。相反，使用双侧检验的研究者，通常对两个方向上的偏差都关心（如对一批零件的尺寸进行假设检验，过大或过小的都需要被淘汰）。

1.2.2 大数定律和中心极限定理

大数定律和中心极限定理是统计学中两个非常重要的概念。

（1）大数定律

大数定律中的"大数"可理解为更多的实验次数，其表示当实验次数足够多时，得出的结果便越接近总体。

朋友家养了一只英国短毛猫（以下简称英短），去年春季产崽10只。在一次聚会上，笔者问朋友："从一个统计学外行的角度来看，你该如何知晓全国英短猫妈妈的平均产崽量呢？前提是不能像全国人口普查那样对母猫逐只调查。"

朋友："如果是我，我会找几只英短母猫，对他们的产崽量求个平均值。"

笔者："那你觉得大概要找几只才能说明问题？"

朋友："10只左右吧，当然，越多的话肯定越接近真实答案。"

当样本中英短母猫的数量越大时，样本的平均值就越接近总体的平均值（真实值），如图1-7所示。所以朋友的回答已经揭露了大数定律的核心。

图1-7 从英短母猫平均产崽量看大数定律

（2）中心极限定理

中心极限定理建立在大数定律的基础上，其进一步对样本均值的分布做了一个描绘：当样本量越来越大的时候，无论总体的分布如何，样本均值会趋近于正态分布。这个定理非常好用，因为它对总体的分布没有任何要求，总体分布可以不是正态的，但只要样本量达到一定要求，样本均值都会达到正态分布。

➢ 那么样本量要取多少，才可以说这个样本的均值服从正态分布？

这里有一个统计学领域约定俗成的经验值，一般说样本量达到30的时候，就可以说样本均值服从正态分布。假设检验中，不同的检验方法其实都基于很多不同的分布，而很多分布都由正态分布推演而来。所以，很多统计检验都有一个先决条件，就是要求数据的正态性。这样一来，中心极限定理相当于充当一个桥梁：哪怕总体的分布不是正态的，但只要样本量达到一定程度后，样本均值就开始趋近于正态分布，很多假设检验的先决条件自然也被满足，检验方法自然也就有了用武之地。

1.3　Z检验

Z检验是最基础的假设检验，也是笔者眼中"理想情况"下的假设检验。因为Z检验适用于样本量较大（超过30），或者总体参数已知的情形（即已知总体均值 μ 与标准差 σ）。

本节将以一个案例来说明Z检验的原理和常用使用场景，并用Python代码实现。

1.3.1　基本原理

➢ 为什么笔者会把Z检验说成"理想情况"下的假设检验？

现实中的种种复杂原因决定了总体的信息往往很难被获取，且随机抽样的样本量也不一定每次都能超过30。Z检验独特的使用条件前提，决定了它特别适合检测与"标准"有关的问题。通常这个"标准"是公认的或者业内规定好的，比如某厂商的螺钉螺纹外径规定在3mm±0.01mm波动，即总体均值为3mm，标准差为0.01mm。这时候便可以对抽检的样品进行假设检验，检验其是否符合标准。

如果总体参数已知（均值和标准差都知道），Z检验的公式如下：

$$Z = \frac{\overline{X} - \mu}{\sigma / \sqrt{n}}$$

该公式与Z分数公式很像，只不过字母含义稍有变化：$\overline{X}$ 是样本均值，μ 是总体均值，σ 是总体标准差，n 是样本大小。如果总体标准差未知，但样本量又很大的话，σ 可以用样本标准差 S 代替。

下面我们将对一家咖啡店的美式咖啡杯子容量进行检测。标准规定，杯子容量应该是12oz（盎司，1oz≈28.35g），允许0.4oz的浮动偏差。从该咖啡店随机抽取50个杯子进行测量，发现平均容量（以水计）约为11.9oz。现在需要进行假设检验，以确定该咖啡店的杯子容量是否符合标准规定。

假设检验流程为：确定零假设与备择假设→明确业务背景并选择合适的检验

方法和显著性水平→得出检验统计量、p值→得出结论。下面逐步拆解过程。

（1）确定零假设与备择假设

- 零假设：该咖啡店的美式咖啡杯子容量符合标准规定，即μ=12oz。
- 备择假设：该咖啡店的美式咖啡杯子容量不符合标准规定，即$\mu \neq$12oz。

（2）明确业务背景，选择合适的检验方法和显著性水平

总体参数已知，且样本量超过30，选择使用Z检验。样本量与p值的关系如表1-2所示。

表1-2　样本量与p值的关系表

样本量	p值小于0.05的概率	p值小于0.01的概率	p值小于0.001的概率
20	64.15%	18.08%	1.23%
30	78.35%	30.60%	4.26%
50	92.32%	57.94%	16.21%
70	96.79%	79.61%	35.06%
80	98.03%	86.75%	45.91%
100	99.24%	95.02%	69.77%

可以看到，当样本量增加时，更容易检测到显著性差异。这也说明了为什么在实验设计和统计分析中，通常需要足够的样本量才能得到可靠的结果。

1.3.2　Python实现Z检验

本案例的数据来自咖啡店随机抽取的50个杯子（图1-8）。

```
df = pd.read_csv('抽检咖啡杯.csv')
df.head()
```

	抽检编号	杯子容量
0	1	11.444977
1	2	12.805967
2	3	12.449585
3	4	13.180485
4	5	12.800707

图1-8　抽检杯子容量数据（节选）

确定好零假设与备择假设后，可以自己写函数来计算Z统计量，也可通过调用第三方库快捷计算。本小节展示自写函数的方法以供读者更好地理解Python的计算过程，有关第三方库的方法将在之后讲解其他检验方法时展示。

```
import math
from scipy.stats import norm    # 用于正态分布比较

def z_test(sample_mean, population_mean, sample_std, n,
```

```
alternative='two-sided', alpha=0.05):
    """
    sample_mean : 样本均值
    population_mean : 总体均值
    sample_std : 样本标准差，可被已知的总体标准差代替
    n : 样本容量
    alternative : 备择假设。字符串类型，可填 'two-sided', 'less' or
'greater'。分别表示"双侧检验""左侧检验""右侧检验"，默认双侧检验
    alpha : 显著性水平，默认0.05
    """
    z = (sample_mean - population_mean) / (sample_std / math.sqrt(n))
    if alternative == 'two-sided':
        p_value = 2 * min(norm.cdf(z), 1 - norm.cdf(z))
    elif alternative == 'less':
        p_value = norm.cdf(z)
    elif alternative == 'greater':
        p_value = 1 - norm.cdf(z)
    else:
        raise ValueError("代替的参数必须为 'two-sided', 'less', 或者
'greater'.")

    if p_value < alpha:
        print("拒绝零假设")
    else:
        print("不能拒绝零假设")

    return z, p_value
```

定义完函数后直接调用即可。结果如图1-9所示。

```
z_statistic, p_value = z_test(sample_mean=df['杯子容量'].mean(),
                 population_mean=12, sample_std=0.4, n=df.shape [0],
                 alternative='two-sided', alpha=0.05)


print('z统计量为：{:.2f}'.format(z_statistic))
print('p值为：{:.4f}'.format(p_value))
```

不能拒绝零假设
z统计量为：-1.33
p值为：0.1842

图1-9　自写函数计算z统计量与p值

传入各种要求的参数后，将显著性水平设置成0.05，计算得出的p值较大，故无法拒绝零假设。最终得出结论：该咖啡店的杯子容量符合标准规定。

1.4 t检验

很多时候，情况并不像Z检验时那么理想，要么是样本量不够（小于30），要么就是无法知晓总体的信息（σ未知），这时t检验便可派上用场。

t检验和Z检验的不同之处在于：前者的t统计量是服从t分布，后者是服从正态分布。所以，两者最大的不同在于所使用的概率分布表不同，计算公式上差别不大（图1-10）。

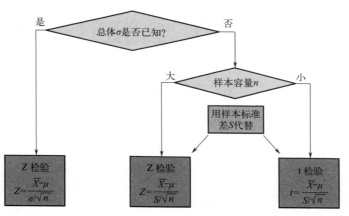

图1-10 Z检验和t检验的不同

1.4.1 单样本t检验

单样本t检验是对总体均值进行的假设检验，它能检验一个总体的均值是否等于某个已知值。其核心是利用来自某个总体的样本数据，推断该样本所代表的总体与已知总体均值是否存在显著差异。

例如，某电商平台的营销团队针对某款耳机进行促销活动，并期望该耳机的用户评分能达到4分以上。为了验证这一假设，他们随机抽取25位购买该耳机的用户进行调查，并得出平均评分为3.8分、标准差为0.7分的结果。

对上面这段话的信息做的"单样本t检验"的概念翻译如下：

- 已知总体的均值：4，表示期望的用户评分（臆想的总体）。
- 样本数据：3.8、0.7分别为随机抽取的25位用户的评分均值与标准差。

- 样本所代表的总体：真实的、所有的用户评分（真实的总体）。

因为只知道已知总体的均值，而不知标准差，且样本量小于30，所以选择t检验。该案例的假设如下。

- 零假设：该耳机的平均评分大于等于预期值4分。
- 备择假设：该耳机的平均评分小于4分。

注意，零假设具有明显的指向性，所以选择单侧检验。又因我们关心的是样本平均评分是否显著低于预期值4分，所以应该选择左侧检验。当然，如果误判"该耳机的平均评分大于等于预期值4分"时造成的影响很大，则建议选择右侧检验以避免这种情况发生。

笔者这里提供一个经验，选择左侧还是右侧，可通过备择假设的符号方向来判断："＜"选择左侧；"＞"选择右侧。

本小节的案例数据来自随机抽取的25个用户对耳机的评分。前例已经展示了自写函数实现Z检验的全过程，所以这里使用第三方库scipy.statsmodels（本书简称scipy）中的ttest_1samp函数来实现t检验。

```python
import pandas as pd
import numpy as np
from scipy.stats import ttest_1samp
df = pd.read_csv('抽检耳机评分.csv')
pop_mean = 4      #已知的总体均值
sample_data = df['用户评分']    #数据样本
# alternative：检验的方向，"two-sided"为双侧检验（默认），"less"和
"greater"分别为左侧检验和右侧检验
t_stat, p_val = ttest_1samp(sample_data, pop_mean,
alternative="less")
print('t 统计量为：{:.2f}'.format(t_stat))
print('p 值为：{:.4f}'.format(p_val))
```

t 统计量为：-1.56

p 值为：0.0659

图1-11 单样本t检验结果

图1-11为单样本t检验结果，从中可以看出，p值比显著性水平0.05要大，所以可以考虑不拒绝零假设，即认为该耳机的平均评分大于等于4。

1.4.2 双样本t检验

单样本t检验比较的是一个样本的均值与已知的理论值之间是否有差异，而双样本t检验则适用于完全随机的两个样本均值的比较，目的是检验两样本所来自的总体的均值是否相等。在数据分析中，双样本t检验常被用于检验某二分类变量区分下的某个连续变量是否存在显著差异。零假设一般为两者无明显差异，

备择假设则相反。

例如研究某网站改版是否会影响用户的购物意愿（购物车中的商品数量）？

这里的两个样本分别为旧版和新版网站用户的购物车商品数；背后所来自的总体为两个庞大的用户群体，它们的标准差未知。

导入数据，代码如下所示，输出结果如图1-12所示。

```
import numpy as np
import pandas as pd
df = pd.read_csv('改版网站购物车商品数量比较.csv')
df.sample(5)

print(f'样本容量：{df.shape[0]}')
print(f'旧版用户群体的平均购物车商品数量：{df["旧版购物车商品数"].
mean()}，标准差：{df["旧版购物车商品数"].std()}')
print(f'新版用户群体的平均购物车商品数量：{df["新版购物车商品数"].
mean()}，标准差：{df["新版购物车商品数"].std()}')
```

	旧版用户编号	旧版购物车商品数	新版用户编号	新版购物车商品数
3	164	5	731	9
8	223	6	460	8
14	225	6	921	6
13	107	5	909	5
9	78	6	548	10

样本容量：25
旧版用户群体的平均购物车商品数量：5.44，标准差：1.2609520212918495
新版用户群体的平均购物车商品数量：6.28，标准差：2.8942471675146657

图1-12　用户群体平均购物车商品数及标准差

新、旧版本所得出的样本均值的差别有可能来自抽样误差，比如刚好旧版样本抽到购物车商品数较低的用户，新版样本则刚好抽到购物车商品数较高的用户。为了验证这个差别不是抽样导致的，我们将进行假设检验。又因为两个样本所代表的总体标准差 σ 未知，且样本量不足30，这里我们将使用双样本t检验来检验这种差异是否显著。

在使用双样本t检验之前，需要考虑3个基本条件：

① **数据来自两个独立的样本。** 两个样本之间的观测值不会互相影响，即样本间没有重复的观测值。

② **每个样本中的观测值是随机抽样得到的，并且应该来自正态分布或接近正态分布的总体。** 因为当样本容量较大时（$n>30$），中心极限定理会使样本均值的分布接近正态分布，所以可以放宽对正态性的要求。但是，当样本量较小时，

则需要满足正态性的假设。

③ 两组样本的方差是否相同。根据相同与否会采用不同的统计量进行检验。

在正式进行双样本t检验前，我们对3个基本条件进行检测。

以用户编号为依据，检测样本间的独立性。isin()函数会将样本间重复的用户识别为True，当True被用作数字时，可解释为整数1。.sum()求和可以统计重复的数据。

```
df['旧版用户编号'].isin(df['新版用户编号']).sum()
# 结果: 0
```

满足样本独立的条件后，本例使用Shapiro-Wilk进行正态性检验，它的零假设是样本来自正态分布，备择假设是样本不来自正态分布。

```
from scipy.stats import shapiro

# 进行 Shapiro-Wilk 正态性检验
## 只需要对函数 Shapiro 传入一个元素大于3的数组即可
## 函数会返回统计量W和p-value
old_stat, old_p = shapiro(df['旧版购物车商品数'])
new_stat, new_p = shapiro(df['新版购物车商品数'])

print('旧版: Shapiro-Wilk Test Statistic = %.3f, p-value = %.3f' %
(old_stat, old_p))
print('新版: Shapiro-Wilk Test Statistic = %.3f, p-value = %.3f' %
(new_stat, new_p))
```

图1-13中，两个样本的正态性检验p值都高于0.05，所以无法拒绝零假设，即认为样本数据符合正态性假设。

旧版: Shapiro-Wilk Test Statistic = 0.928, p-value = 0.079
新版: Shapiro-Wilk Test Statistic = 0.930, p-value = 0.087

图1-13　Shapiro-Wilk正态性检验结果

最后一步是进行方差齐性检验，相同为齐，不齐表示不同。方差齐性检验的零假设为两组样本的方差相同，检验统计量F（由F检验产生）的公式为 $F = \dfrac{\max\{S_1^2, S_2^2\}}{\min\{S_1^2, S_2^2\}}$，其中，$S_1^2$、$S_2^2$分别为样本1和样本2的方差。将结果与F分布表进行对比，得到p值，从而决定是否拒绝零假设。

下面从Python第三方库scipy中调用levene函数来进行方差齐性检验。

```
from scipy.stats import levene
statistic, p_value = levene(df['旧版购物车商品数'],
                            df['新版购物车商品数'], center='median')
```

```
# center参数默认为 'mean'。设置为 'median' 时，可以避免异常值对方差估计
的影响
print("Levene's test statistic:", statistic)
print("p-value:", p_value)
```

Levene's test statistic: 13.383820998278829
p-value: 0.0006298681915368575

图1-14　方差齐性检验结果

由图1-14可见，p值约为0.0006，即旧版购物车商品数样本与新版的样本是
不同的，因此进行方差不齐的双样本t检验。

```
from scipy import stats

t, p = stats.ttest_ind(df['旧版购物车商品数'], df['新版购物车商品数'],
                       equal_var=False)
# 输出结果
print("t statistic:", t)
print("p-value:", p)
```

函数ttest_ind() 将执行双样本t检验，参数equal_var=False表示方差不齐，
图1-15所示结果表明p值约为0.19，远大于显著性水平0.05，说明新、旧网页版
本的用户购物车商品数无显著差异。

t statistic: -1.3303757610358957
p-value: 0.19257238114301328

图1-15　双样本t检验结果

1.5　方差分析

方差分析（analysis of variance，ANOVA）用于检验多个样本的均值是否具
有显著差异，在分析多于两个分类的分类变量下的连续变量上尤其好用。比如薪
资水平是否受教育程度的影响。受教育程度是一个分类变量，它有5个分类，即
"小学及以下""初中""高中""大专"和"本科"，而每个分类都对应着"薪资
水平"这个连续变量，这时候便可使用方差分析来进行检验。

➤ 为什么不使用多样本t检验呢？

当需要比较三个或三个以上样本之间的均值差异时，需要进行多次双样本t
检验。多重比较会增加犯错误的概率，并且容易忽略组内的变异性，而方差分析
会考虑组内误差和组间误差，更具有统计功效。

1.5.1 基本原理

方差分析考虑组内误差和组间误差，其实就是将观测均值在不同水平下的差异转换成比较组间均方差和组内均方差之间差异的大小。

方差分析的公式为（k和n分别表示样本数目和样本大小）

$$F = \frac{\text{SSB}/(k-1)}{\text{SSW}/(n-k)}$$

该公式包含以下几个概念：

① SST：总离差平方和，即方差（sum of squares total）。

$$\text{SST} = \sum_{i=1}^{k}\sum_{j=1}^{n_i}(x_{ij} - \overline{x})^2 = \text{SSB} + \text{SSW}$$

式中，x_{ij}为第i组中的第j个观测值；$\overline{x}$为所有样本中所有观测值的均值。

② SSB：组间离差平方和（sum of squares between groups）。

$$\text{SSB} = \sum_{i=1}^{k} n_i(\overline{x_i} - \overline{x})^2$$

式中，n_i表示第i组的样本数量；$\overline{x_i}$表示第i组的均值。

③ SSW：组内离差平方和（sum of squares within groups）。

$$\text{SSW} = \sum_{i=1}^{k}\sum_{j=1}^{n_i}(x_{ij} - \overline{x_i})^2$$

下面将通过一系列原理图来辅助理解方差分析的过程。在进行方差分析时，首先会计算每个类别下数据的均值，如图1-16所示。

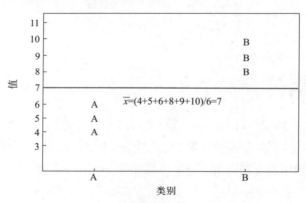

图1-16　所有类别下数据的均值

图1-16中的蓝色横线表示所有类别的均值（7）。接下来计算总离差平方和SST，即数据的方差，如图1-17所示。

这份数据的总离差平方和，即方差为28，接下来研究组内离差平方和（SSW）和组间离差平方和（SSB），分别如图1-18和图1-19所示。

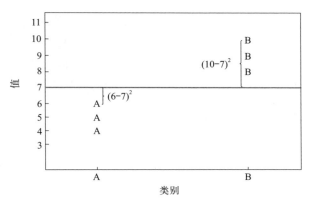

$$SST =(4-7)^2+(5-7)^2+(6-7)^2+(8-7)^2+(9-7)^2+(10-7)^2=28$$

图1-17　总离差平方和的计算

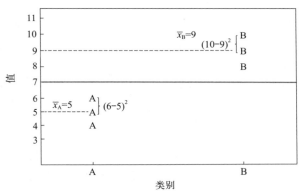

$$SSW =(6-5)^2+(5-5)^2+(4-5)^2+(8-9)^2+(9-9)^2+(10-9)^2=4$$

图1-18　组内离差平方和的计算

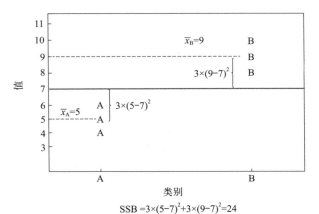

$$SSB =3\times(5-7)^2+3\times(9-7)^2=24$$

图1-19　组间离差平方和的计算

组内离差平方和代表类别内数据之间的差异，组间离差平方和则代表类别间的差异。两者之和为总的变异，所以在总变异不变时，组间差异越大，组内差异就越小。这与俗语"物以类聚，人以群分"类似，当组间差异和组内差异的比值足够大时，我们就能自信地说，这几个类别之间的数据具有显著性差异。为此，可以方差分析公式构造统计量 F 来衡量。

F 值越大时，说明组间差异越大，就越倾向拒绝零假设，即认为组间差异显著。对分子和分母分别除以 $(k-1)$ 和 $(n-k)$，是为了引入"均方"这个概念。因为方差是度量数据离散程度的一个重要指标，它可以衡量一组数据的波动程度。然而，当样本的大小和组数不同时，直接比较各组之间的方差是没有意义的。因此，需要使用"均方"来确定各组之间的离散程度是否显著不同。"均方"是指方差除以相应的自由度，也叫平均平方。通过对比这两个均方的大小，我们可以判断各组均值是否显著不同。

此外，"均方"还有一个重要的作用是使得统计量 F 的分子和分母具有相同的单位，从而便于进行比较。所以如果没有引入"均方"这个概念，F 值将会是无量纲的，难以解释和比较。

方差分析的前提条件与双样本 t 检验相似：

① 变量服从正态分布。

② 样本之间相互独立。

③ 需要进行方差齐性检验，即验证各组的方差是否相同。

注意，这里方差齐性检验的零假设是所有组的方差无显著差异，备择假设是至少有两个组的方差不相等。

1.5.2　Python 实现方差分析

本小节的示例数据集节选如图 1-20 所示。

分析需求为：探究同一年龄段下，不同广告投放策略的效果是否存在显著差异（反映在用户购买金额上）。

先查看一下"年龄"和"广告投放策略"这两个分类变量的分布情况（图 1-21）。

```
df = pd.read_csv('广告投放策略.csv ')
for i in ['年龄',广告投放策略']:
    print(df[i].value_counts())
    print('\n')
```

以 18 ～ 30 岁这个年龄区间为例，进行方差分析。首先对这个年龄段的用户进行正态性检验和方差齐性检验。

	用户编号	年龄	广告投放策略	用户购买金额
0	1	18-30岁	A	50.185516
1	2	51岁以上	C	68.610466
2	3	18-30岁	B	92.468257
3	4	31-50岁	B	88.510497
4	5	31-50岁	C	65.753578
...	...	...	...	...
495	496	18-30岁	B	88.743116
496	497	18-30岁	C	50.737554
497	498	31-50岁	B	88.085726
498	499	18-30岁	C	73.119929
499	500	31-50岁	A	39.295945

500 rows × 4 columns

图1-20 广告投放策略数据集节选

```
18-30岁        202
31-50岁        179
51岁以上        119
Name: 年龄, dtype: int64


A     169
C     166
B     165
Name: 广告投放策略, dtype: int64
```

图1-21 "年龄"与"广告投放策略"分布

（1）正态性检验

筛选出18～30岁这个年龄段的用户后，按照广告投放策略将这些用户分成3类，后逐一进行Shapiro-Wilk正态性检验。代码和结果如下。

```
# 筛选年龄区间
users = df.query('年龄 == "18-30岁"')
strategy_A = users.query('广告投放策略 == "A"')
strategy_B = users.query('广告投放策略 == "B"')
strategy_C = users.query('广告投放策略 == "C"')


from scipy.stats import shapiro
# 进行 Shapiro-Wilk 正态性检验
a_stat, a_p = shapiro(strategy_A['用户购买金额'])
b_stat, b_p = shapiro(strategy_B['用户购买金额'])
c_stat, c_p = shapiro(strategy_C['用户购买金额'])


print('用户年龄区间: 18-30岁: ')
print('策略A：Shapiro-Wilk Test Statistic = %.3f, p-value = %.3f' %
(a_stat, a_p))
print('策略B：Shapiro-Wilk Test Statistic = %.3f, p-value = %.3f' %
(b_stat, b_p))
print('策略C：Shapiro-Wilk Test Statistic = %.3f, p-value = %.3f' %
(c_stat, c_p))
```

图1-22中的p值均大于0.05，所以无法拒绝零假设，即认为该年龄段三种投放策略的样本均来自正态分布或接近正态分布的总体。

用户年龄区间：18-30岁：
策略A：Shapiro-Wilk Test Statistic = 0.973，p-value = 0.135
策略B：Shapiro-Wilk Test Statistic = 0.975，p-value = 0.231
策略C：Shapiro-Wilk Test Statistic = 0.985，p-value = 0.553

图1-22   Shapiro-Wilk正态性检验结果

（2）方差齐性检验

对三个样本进行方差齐性检验的代码和结果（图1-23）如下。

```
from scipy.stats import levene
statistic, p_value = levene(strategy_A['用户购买金额'],
                            strategy_B['用户购买金额'],
                            strategy_C['用户购买金额'], center= 'median')
# 输出结果
print("Levene's test statistic:", statistic)
print("p-value:", p_value)
```

图1-23中的p值使我们无法拒绝零假设，即这几个样本的方差没有显著性区别。所以在接下来的方差分析中，参数 equal_var 将设置为True（默认值），即进行方差齐性的方差分析。

在Python中进行方差分析可以使用函数 f_oneway。分析结果如图1-24所示。

```
from scipy.stats import f_oneway
f_value, p_value = f_oneway(strategy_A['用户购买金额'],
                            strategy_B['用户购买金额'],
                            strategy_C['用户购买金额'])
print('F值为：', f_value)
print('p值为：', p_value)
```

Levene's test statistic: 1.7474967997059323
p-value: 0.1768720505982901

图1-23   方差齐性检验结果

F值为： 348.6980183972762
p值为： 9.165122900698877e-66

图1-24   方差分析结果

从结果上看，p值接近于0，所以拒绝零假设，即对于同一年龄段来说，不同的广告投放策略会显著影响用户的购买金额。

严谨来说，方差分析可以分为两类：单因素方差分析和多因素方差分析。本节都是围绕"检验一个分类变量与一个连续变量之间的关系"，即单因素方差分析来进行。比如不同的广告投放策略对同一年龄段用户群购买金额的影响。而多因素方差分析可以检验多个分类变量与一个连续变量的关系，比如不同的广告投放策略对不同年龄段用户群购买金额影响。但多因素方差分析使用相对较少，因为除了数据的收集、整理和分析等方面的复杂性较高外，还需要考虑自变量之间的交互作用，所以分析难度较大。而且多因素方差分析的思想在接下来的多元线性回归章节中也会有体现，故不展开讲解，感兴趣的读者可以自行探究。

1.6 卡方检验

Z检验、t检验和方差分析这几种检验方式用到的变量都是连续型变量，而卡方检验则适用于检验两个或多个分类变量之间的显著性水平。以电子商务领域上的广告投放试验为例：探究不同的广告（A和B）是否会影响用户的点击率，收集的数据记录广告类型和用户点击情况（点击/未点击）。

卡方检验在实际业务场景中用得比较少，所以这里不展开数学公式的介绍，而是直接讲解Python的代码操作。

广告点击数据集如表1-3所示。Ad_Type为广告类型，Click表示点击与否。

表1-3 广告点击数据集节选

Ad_Type	Click	Ad_Type	Click
A	Yes	A	Yes
A	No	A	No
B	Yes	B	Yes
B	No		

scipy库的stats进行卡方检验时需要传入的参数是一个列联表，所以需要先对这两个分类变量进行列联表分析。

```
# 创建列联表
cross_tab = pd.crosstab(index=df['Ad_Type'], columns=df['Click'])
cross_tab
```

结果如表1-4所示。

表1-4 列联表结果

Ad_Type	No	Yes
A	50	50
B	40	60

最后，将列联表传入卡方检验函数stats.chi2_contingency。

```
import scipy.stats as stats
```

```
# 执行卡方独立性检验
chi2, p_value, _, _ = stats.chi2_contingency(cross_tab)

# 打印结果
print("卡方值: ", chi2)
print("p值:", p_value)
```

卡方值: 1.6363636363636362
p值: 0.20082512269514174

图1-25 卡方检验结果

代码中的"chi2, p_value, _, _"中，有两个"_"，是因为函数会给出4个返回值，但通常只会用上前两个，所以后两个变量就用"_"来填充。代码输出如图1-25所示。

可以看出，*p*值大于0.05，无法拒绝零假设，所以可以认为A、B两款广告的用户点击率没有显著差异。

1.7 相关分析（相关系数与热力图）

相关分析常用于探讨两个连续变量之间的关系。例如，某银行信用卡部门收集了客户的个人信息和消费信息，现在希望研究个人收入与信用卡消费情况之间的关系。个人收入与信用卡消费金额都是典型的连续变量，散点图是最能直观展示两者关系的方法之一，如图1-26所示。

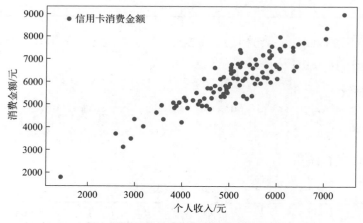

图1-26 个人收入与信用卡支出的关系

从图1-26可以看出，虽然圆点的分布比较分散，但依然呈现出明显的"左下→右上"线性趋势，即个人收入越高，信用卡消费金额也越高。这里将这种关系称为线性正相关关系，此外，两连续变量之间的关系还有线性负相关、非线性相关、不相关关系。

1.7.1　Pearson相关系数

本书只讨论线性相关的情况。当出现线性相关关系后，可以使用皮尔逊（Pearson）相关系数来进一步探究两变量的相关程度。Pearson相关系数等于0时，表示两变量无明显相关关系，大于（小于）0时，表明两变量正（负）相关。越接近1（−1），表明两变量的线性正相关（负相关）程度越来越强。具体的相关系数取值与相关程度强弱的关系如表1-5所示。

表1-5　相关系数取值与相关程度强弱的关系

相关系数取值范围	相关程度	相关系数取值范围	相关程度
0.0 ～ 0.19	极低	0.70 ～ 0.89	高
0.20 ～ 0.39	低	0.90 ～ 1.00	极高
0.40 ～ 0.69	中		

注意，使用Pearson相关系数需要满足以下前提：

- 变量服从正态分布：Pearson系数是基于正态分布假设推导而来的，在非正态分布的情况下，精度会受到影响。
- 变量的值域为[−1,1]：这是为了消除异常值，以及量纲不同的影响。比如我们希望探究父亲身高和儿子身高的相关性，发现"父亲身高"这个变量有的值为178，有的为1.78。那么这种量纲的不一致（cm-m），则很可能会扭曲变量之间的关系，导致系数出现偏差或不准确。对数据进行归一化和标准化处理，可以将变量缩放到相同的范围内，从而有效地减小异常值和量纲的影响。

下面示例用Python计算变量间的相关系数，数据来自某银行的客户信用五维评级，结果如图1-27所示。

```
df = pd.read_csv('loan_apply.csv')
df.corr(method='pearson')
```

	ID	品格	能力	资本	担保	环境
ID	1.000000	-0.217816	-0.413034	-0.297205	-0.276560	-0.318641
品格	-0.217816	1.000000	0.726655	0.825342	0.676314	0.685563
能力	-0.413034	0.726655	1.000000	0.929080	0.938382	0.841413
资本	-0.297205	0.825342	0.929080	1.000000	0.883457	0.733482
担保	-0.276560	0.676314	0.938382	0.883457	1.000000	0.762563
环境	-0.318641	0.685563	0.841413	0.733482	0.762563	1.000000

图1-27　Pearson相关系数结果

使用pandas中的corr函数进行相关分析，method参数除了默认的"pearson"外，还可更改为"spearman"和"kendall"。如果只是想探究其中两个变量的相关系数，加入变量筛选即可，如df[['品格', '资本']].corr()。

1.7.2 热力图

图1-27中的六个变量之间都会生成一个相关系数，当变量较多时，相关系数表会变得密密麻麻，不便观看。我们可以用第三方库seaborn来绘制相关系数矩阵热力图（heatmap），它可以将矩阵上每一个元素的值映射为各种颜色，比如深色表示较高的数值，浅色表示较低的数值，这样可以更加直观地展示出不同变量之间的相关程度。具体操作和结果如下。

（1）基础配置

要想绘制一幅好的热力图，需要较多的基础配置，如色彩风格、字体和图例的样式和大小等。这里笔者总结了一套自己常用的数据可视化基本配置，供读者参考。

```python
# 基础配置
# 基础库
import numpy as np
import pandas as pd


# 基础绘图库
import matplotlib.pyplot as plt
import seaborn as sns
%matplotlib inline
# 仅用于Jupyter Notebook
# 各种细节配置,如文字大小、图例文字等杂项
large = 22; med = 16; small = 12
params = {'axes.titlesize': large,  'legend.fontsize': med,
          'figure.figsize': (16, 10),  'axes.labelsize': med,
          'axes.titlesize': med,  'xtick.labelsize': med,
          'ytick.labelsize': med,  'figure.titlesize': large}
plt.rcParams.update(params)
plt.style.use('seaborn-whitegrid')
sns.set_style("white")
plt.rc('font', **{'family': 'Microsoft YaHei, SimHei'})
# 设置中文字体的支持
# sns.set(font='SimHei')
# 解决seaborn中文显示问题，但会自动添加背景灰色网格
plt.rcParams['axes.unicode_minus'] = False
```

```
# 解决保存图像是负号 '-' 显示为方块的问题
# 提高输出效率库
from IPython.core.interactiveshell import InteractiveShell
# 实现 notebook 的多行输出
InteractiveShell.ast_node_interactivity = 'all' #默认为 'last'
```

（2）绘制热力图

相关系数矩阵热力图如图1-28所示。

```
plt.figure(figsize=(8,6))
sns.heatmap(data=df.corr(),
            xticklabels=df.corr().columns,
            yticklabels=df.corr().columns,
            annot=True, cmap='Blues',center=0)
```

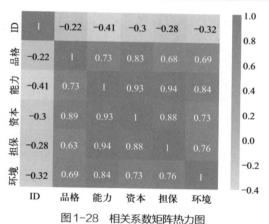

图1-28　相关系数矩阵热力图

seaborn的heatmap函数中的各种参数解释如下：

- data：只需传入相关系数矩阵便可形成最基本的热力图。
- x/yticklabels：表示热力图横/纵坐标的标签。
- annot：True表示将相关系数值显示在颜色块上。
- cmap：热力图的颜色风格。
- center=0表示在颜色映射中，将数值为0的颜色当成整个图像的中心颜色，颜色从该点向上和向下变化。

更多的参数调整和使用方法可参考seaborn的官方文档。

1.7.3　相关系数的显著性检验

计算完相关系数后，还需检验该系数是否具有统计学意义。因为相关系数可能会受到样本抽样误差或者随机波动的影响，比如刚好抽到相关的数据。零假设为两个变量之间不存在相关性。在 Python 中，可以使用 scipy.stats 模块中的"pearsonr""spearmanr"和"kendalltau"函数来计算相关系数的显著性水平。下面给出 pearsonr 函数的示例。

```
import scipy.stats as stats
# 样本数据
X = [1, 2, 3, 4, 5]
Y = [5, 4, 3, 2, 1]
# 计算 Pearson 相关系数及其 p 值
r, p_value = stats.pearsonr(X, Y)
print("Pearson 相关系数:", r)
print("p-value:", p_value)
```

图1-29中相关系数的计算结果为−1，表示X和Y之间存在完全相反的关系。同时，p值小于0.01，说明相关系数具有显著性（即具有统计学意义）。

```
Pearson 相关系数: -1.0
p-value: 0.0
```

图1-29　相关系数的显著性检验

第 **2** 章

多元线性回归实现房价预测

从本章开始，将正式进入"数据分析算法学习"阶段。由于线性回归模型的数学基础
比较简单，易于理解和实现，并且是许多其他机器学习算法的基础，所以我们把它放在该
系列的首位进行介绍。

2.1 线性回归

线性回归模型的应用领域十分广泛，如金融、经济学、社会科学、医学等。凡是涉及数值预测相关的方法，线性回归都是常用的模型之一。

线性回归中的变量分为自变量和因变量。自变量是一个独立的变量，不受其他变量的影响而改变；而因变量则依赖于自变量，它的值会随着自变量的变化而变化。

对于线性回归来说，自变量和因变量都是连续变量。如果自变量是分类变量，则需要经过转化后才可放入线性回归模型；因变量是分类变量时，我们会转而考虑其他分类模型。

2.1.1 简单线性回归原理

简单线性回归的原理是找到一条最优的直线来拟合数据，使得该直线到每个样本点距离的平方和最小，即实际值和预测值之差的平方和最小，如图2-1所示。

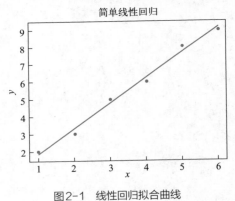

图2-1　线性回归拟合曲线

简单线性回归模型与数学中的线性方程（$y=ax+b$）类似，只不过多了一个扰动项 ε，也叫误差项，代表由于模型无法完全描述 Y 与 X_1 之间的关系而产生的随机误差。在实际应用中，我们希望扰动项尽可能小，因为这表明模型可以更好地解释因变量的变化。

简单线性回归表达式如下：

$$Y = \beta_1 X_1 + \beta_0 + \varepsilon$$

式中，Y 表示因变量；X_1 表示自变量；β_1 表示回归系数；β_0 表示截距；ε 表示扰动项。

图2-1中的直线也被称为最优拟合曲线，它可以通过求解回归系数 β_1 和截距 β_0 得到。实际值和预测值之差又称残差，最优拟合曲线旨在使残差最小化，即令 $\sum_{i=1}^{n}(y_i - \hat{y})^2$ 最小化。$\hat{y}_i$ 表示线性回归的预测值，y_i 表示真实值；而 $\hat{y}_i = \hat{\beta}_1 X_i + \hat{\beta}_0$，所以最后目标变为最小化下列式子：

$$\sum_{i=1}^{n}(y_i - \hat{\beta}_1 X_i - \hat{\beta}_0)^2$$

求最小值的数学方法为求导，并令导数等于0，化简后可得到$\hat{\beta}_1$和$\hat{\beta}_0$的值：

$$\begin{cases} \hat{\beta}_1 = \dfrac{\sum\limits_{i=1}^{n}(x_i - \overline{x})(y_i - \overline{y})}{\sum\limits_{i=1}^{n}(x_i - \overline{x})^2} \\ \hat{\beta}_0 = \overline{y} - \hat{\beta}_1 \overline{x} \end{cases}$$

式中，$\overline{x}$和$\overline{y}$分别表示自变量x和因变量y的平均值。这种求解方式被称为最小二乘法。

2.1.2 多元线性回归

多元线性回归是在简单线性回归的基础上，添加更多的自变量，其表达式如下：

$$Y = \beta_0 + \beta_1 X_1 + \beta_2 X_2 + \beta_3 X_3 + \cdots + \beta_n X_n + \varepsilon$$

式中，Y是因变量；$X_1, X_2, \cdots, X_n$是自变量；$\beta_1, \beta_2, \cdots, \beta_n$是未知的回归系数；$\beta_0$和$\varepsilon$为截距项和误差项。

它的目标是在给定多个自变量的情况下预测一个因变量。简单线性回归的原理是找到一条最优的直线（也称"回归直线"）来拟合数据，但当自变量不止一个时，简单的一条回归直线是否还够用呢？

为了方便演示，我们从最简单的多元线性回归开始，即二元线性回归，只有两个自变量的情况。如图2-2所示，这里构建X_1、X_2两个自变量，从图2-2（a）和图2-2（b）两个散点图可以看出，它们与因变量Y都呈现出一定的相关关系。但把两个自变量和因变量的关系同时绘制在一起时，便会发现：必须将两条最优拟合曲线结合起来（$Y\text{-}X_1$，$Y\text{-}X_2$），才能拟合Y与两个自变量。

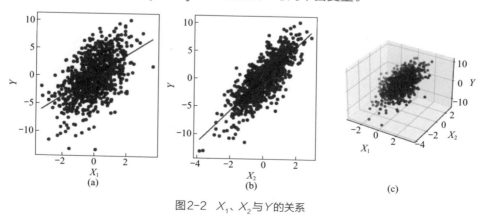

图2-2 X_1、X_2与Y的关系

此时，二元线性回归拟合的应该是一个平面（图2-3）；这个平面与X_1-Y、X_2-Y，X_1-X_2这三个平面都是斜交的，可以通过旋转得到不同的三维散点图，如图2-4所示。

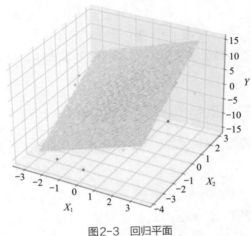

图2-3　回归平面

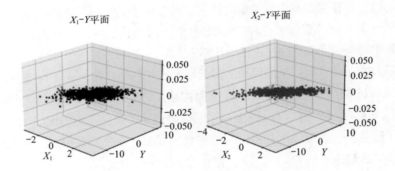

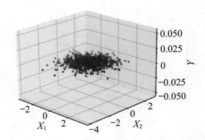

图2-4　X_1、X_2和Y三者之间的三维散点图

结合图2-3和图2-4可以看到，这个多元线性回归中，X_1、X_2和Y都有明显的线性相关关系，而自变量X_1、X_2之间则无线性相关关系。如果自变量和因变

量的相关性较弱，甚至不具备相关性，那么将无法拟合一个合适的回归平面，如图2-5所示。由于自变量与因变量之间没有相关关系，所以与图2-3的回归平面相比，它是一个平坦的平面，这对模型的拟合效果来说并不好。

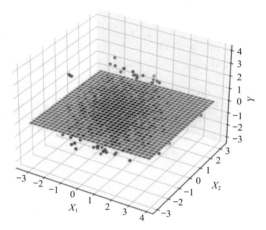

图2-5　自变量和因变量不具备相关性时的回归平面

　　由此可知，即使是多元线性回归，也要求自变量和因变量之间有线性相关关系。与因变量线性相关的自变量个数越多，回归模型的解释性就越强。注意，自变量之间的相关性要尽可能低。

2.2　Python实现多元线性回归

　　本章案例用到的数据集为house_prices.csv（下载方式见本书前言），该数据是一份经过数据清洗的某地区房屋信息数据，相应的字段解释如表2-1所示。

表2-1　变量解释

字段名	中文含义
house_id	房屋ID
neighborhood	所在街区（A、B或C）
area	面积
bedrooms	卧室数量（0～8的整数）
bathrooms	浴室数量（0～5的整数）
style	风格（ranch——牧场式、victorian——维多利亚式、lodge——乡村木屋式）
price	价格

　　接下来将对房屋价格建立预测模型，以price为因变量，除house_id外的为自

变量，建立多元线性回归模型。

先引入相应的包。

```
import pandas as pd
import numpy as np
import seaborn as sns
import matplotlib.pyplot as plt
plt.rc('font', **{'family': 'Microsoft YaHei, SimHei'})
# 设置中文字体的支持
# 提高输出效率库
from IPython.core.interactiveshell import InteractiveShell
# 实现 notebook 的多行输出
InteractiveShell.ast_node_interactivity = 'all'
# 默认为 'last'

df = pd.read_csv('house_prices.csv')
df.head()
```

输出结果如图2-6所示。

	house_id	neighborhood	area	bedrooms	bathrooms	style	price
0	1112	B	1188	3	2	ranch	598291
1	491	B	3512	5	3	victorian	1744259
2	5952	B	1134	3	2	ranch	571669
3	3525	A	1940	4	2	ranch	493675
4	5108	B	2208	6	4	victorian	1101539

图2-6   house_prices.csv中部分数据展示

根据2.1.2小节的知识，在正式进行多元线性回归前，最好先看一下变量之间的相关性，这里用seaborn绘制热力图来展示。

```
# 丢弃无用的 house_id 列
data = df.drop(columns=['house_id'])
plt.figure(figsize=(6,5))
sns.heatmap(data=data.corr(),
            xticklabels=data.corr().columns,
            yticklabels=data.corr().columns,
            cmap='Blues', annot=True, center=0)
```

从图2-7中可以看出，自变量与因变量price之间都具有较强的相关性。但是，自变量（area、bathrooms、bedrooms）之间的相关性也较强，这将影响模型的准确性和可解释性，这一问题将在后面介绍多重共线性的时候展开。

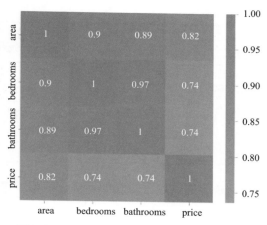

图2-7 house_prices.csv中自变量间的相关性

此时便可以使用多元线性回归来建立模型，代码如下所示。

```
from statsmodels.formula.api import ols
# ols 能够实现最小二乘法的多元线性回归
# ~ 的左边是因变量，右边是自变量，自变量不止一个时，用"+"号将其连接
lm = ols('price ~ area + bedrooms + bathrooms', data=df).fit()
lm.summary()
```

上面代码使用statsmodels库中的ols函数，该函数能够实现最小二乘法的多元线性回归。它需要传入一个字符串作为formula的参数，"~"左边是因变量，右边是用"+"连起来的自变量。该模型使用fit方法来进行训练，训练完后使用summary方法打印出模型的各种信息，如表2-2所示。

表2-2 多元线性回归的输出结果

Dep. Variable:		price	R-squared:		0.678	
Model:		OLS	Adj. R-squared:		0.678	
Method:		Least Squares	F-statistic:		4230.	
Date:		Tue, 06 Jun 2023	Prob (F-statistic):		0.00	
Time:		15:00:33	Log-Likelihood:		−84517.	
No. Observations:		6028	AIC:		1.690e+05	
Df Residuals:		6024	BIC:		1.691e+05	
Df Model:		3				
Covariance Type:		nonrobust				
	coef	std err	t	P>|t|	[0.025	0.975]
Intercept	1.007e+04	1.04e+04	0.972	0.331	−1.02e+04	3.04e+04

续表

area	345.9110	7.227	47.863	0.000	331.743	360.086
bedrooms	−2925.8063	1.03e+04	−0.285	0.775	−2.3e+04	1.72e+04
bathrooms	7345.3917	1.43e+04	0.515	0.607	−2.06e+04	3.53e+04
Omnibus:	367.658					
Prob(Omnibus):	0.000					
Skew:	0.536					
Kurtosis:	2.503					

关于表格中信息反映出的问题，以及如何优化模型，将在下一节中详细展开。

2.3 模型分析与评估

对数据分析师来说，建模完毕后，模型的评估和优化也是非常重要的步骤。该步骤可以验证模型的准确性和可靠性，在提升模型性能的同时降低预测误差。本节包括模型的评估指标、回归系数的显著性检验、虚拟变量的设置、残差分析和多重共线性的诊断。

2.3.1 模型的评估指标（R方与调整R方）

先看表2-2右上角的"R-squared"，中文释义为R方（R^2），也被称为确定系数。它是线性回归模型独有的评估指标，对非线性模型并不适用。R^2描述因变量（原始数据中的实际值）中有多少方差可以由自变量（模型预测的值）来解释，公式为

$$R^2 = \frac{可解释变异}{总变异} = \frac{\sum_{i=1}^{n}(\hat{y}_i - \overline{y})}{\sum_{i=1}^{n}(y_i - \overline{y})}$$

显然，可解释变异占总变异的比例越大，即R^2越接近1，说明模型拟合效果越好。一般来说，R^2大于0.8，则说明拟合效果优异。表2-2的R^2只有0.678，还有很大的提升空间。

2.1.2节中提到：与因变量线性相关的自变量个数越多，回归模型的解释性就越强。但这并不表明自变量的个数可以无限制地增加。有时新增自变量后，R^2会增加，但这并不代表模型的预测能力得到了提升，还可能是出现了过拟合的现象。换句话说，模型过于复杂，复杂到可以适应数据中的噪声和随机变化，而这

些变化对于新数据来说可能并不具有代表性，即泛化能力弱。

为此，可以使用调整 R 方（以下简称 R^2_{adj}）来进行模型评估。R^2_{adj} 考虑模型中自变量个数对 R^2 的影响，定义为

$$R^2_{adj} = 1 - \frac{(1-R^2)(n-1)}{n-p-1}$$

式中，n 为样本容量；p 为自变量个数。它在计算时会对添加的非显著变量给出惩罚，也就是说，任意添加一个变量不一定能让模型的拟合度上升。与 R^2 类似，R^2_{adj} 的取值范围也在 0 ～ 1 之间，且越接近 1，说明模型的预测表现越好。

2.3.2 回归系数的显著性检验

表2-2中的coef（coefficient的缩写）表示回归系数列，也可以在训练完模型后使用params属性保存自变量的系数和回归方程的截距，结果如图2-8所示。

```
Intercept    10072.107047
area           345.911019
bedrooms     -2925.806325
bathrooms     7345.391714
dtype: float64
```

图2-8 params方法保存回归系数

```
# params 方法保存回归系数和截距
lm = ols('price ~ area + bedrooms + bathrooms', data=df).fit()
lm.params
```

所以，回归方程可以写为

$$price = 10072 + area \times 346 - bedrooms \times 2926 + bathrooms \times 7345 + \varepsilon$$

如果知晓等式右边每个变量的值，便可以预测出房屋价格，精度为 0.678（R^2）。对于回归系数的解释，这里以其中一个自变量area为例：其他条件不变的情况下，一间住宅的面积每增加一个计量单位，预测其价格会增加346美元。

在多元线性回归中估计出回归系数与截距时，还需要进行显著性检验，它可以帮助我们确定哪些自变量对因变量有显著的影响。零假设和备择假设如下：

- 零假设：所有自变量的回归系数都等于零，即模型中所有自变量对因变量都没有显著影响。
- 备择假设：至少有一个自变量的回归系数不等于零，即模型中至少有一个自变量对因变量有显著影响。

检验统计量为

$$F = \frac{MSR}{MSE}$$

式中，MSR是回归平方和的均方；MSE是误差平方和的均方。如果 p 值小于0.05（或者其他规定好的显著性水平），表明回归系数不显著，该自变量对因变量的影响不大，可以考虑去掉。但是，去掉自变量可能会影响其他变量的回归系

数和模型的精度，因此应该谨慎选择。

2.3.3　虚拟变量的设置

表2-2中，模型的R^2只有0.678，很大一部分原因是我们只利用连续变量作为自变量，分类变量neighborhood（所在街区A、B、C）和style（风格）还没有被利用。但分类变量无法直接放入线性回归模型，需要经过转化，转化方法有One-Hot编码、Label Encoding和Target Encoding等，这里主要介绍One-Hot编码。

One-Hot编码会将每个分类变量的每个取值都编码成一个新的二元变量，并用0或1来表示该变量是否存在，这些新的二元变量也被称为虚拟变量。具体示例如表2-3所示。

表2-3　虚拟变量的转换

原分类变量	根据该分类变量生成的虚拟变量		
街区	是A吗？	是B吗？	是C吗？
A	1	0	0
B	0	1	0
C	0	0	1

从表2-3中不难发现，原分类变量有n类，就能拆分出n个虚拟变量。注意，将虚拟变量放入模型中时，需要舍弃一个，因为当含有n类的分类变量被划分成n个二元变量时，其实只需要$n-1$个变量就已足够获取所有的信息。比如我们将表2-3中"是C吗？"这一列的值都先忽略掉，会发现，根据前两列的值，已经可以自动推算出第三列的值，因为同一行中，只能存在一个1。

	_B	_C	_ranch	_victorian
3216	1	0	1	0

图2-9　生成的虚拟变量

Python中有很多方法可以实现One-Hot编码，下面展示最常用的其中一种，即Pandas中的get_dummies()函数。生成的虚拟变量如图2-9所示。

```
# 参数data可以将数据框中指定列的分类变量转化为虚拟变量
dummies = pd.get_dummies(data=df[['neighborhood', 'style']],
                         prefix='', drop_first=True)
# prefix表示可以指定前缀
# drop_first 自动舍弃生成的虚拟变量中的第一个，因为只要其中两个，剩下的一个
便可反推
dummies.sample()
```

虚拟变量设置成功后，需要与原来的数据集拼接，这样后续才能将其一起放进模型。拼接了虚拟变量的原数据如图2-10所示。

```
# 将虚拟变量与原数据集拼接
results = pd.concat(objs=[df, dummies], axis='columns')
# 按照列来合并，并丢弃原始的 neighborhood 和 style 列
results.drop(columns=['house_id','neighborhood','style'],
inplace=True)
results.sample(2)

# 再次建模
lm = ols('price ~ area + bedrooms + bathrooms + _B + _C + _ranch +
_victorian',data = results).fit()
lm.summary()
```

	area	bedrooms	bathrooms	price	_B	_C	_ranch	_victorian
2894	4729	7	4	1185735	0	1	0	1
2290	3348	5	3	1663407	1	0	0	1

图2-10　拼接了虚拟变量的原数据

图2-11加入neighborhood和style这两个分类变量的虚拟变量后，模型的精度大大提升，R^2从0.678提高到0.919。可见，数据集中的分类变量对因变量price的影响也很大。

OLS Regression Results

Dep. Variable:	price	R-squared:	0.919
Model:	OLS	Adj. R-squared:	0.919
Method:	Least Squares	F-statistic:	9801.
Date:	Sat, 10 Jun 2023	Prob (F-statistic):	0.00
Time:	13:26:59	Log-Likelihood:	-80346.
No. Observations:	6028	AIC:	1.607e+05
Df Residuals:	6020	BIC:	1.608e+05
Df Model:	7		
Covariance Type:	nonrobust		

	coef	std err	t	P>|t|	[0.025	0.975]
Intercept	-2.032e+05	6216.673	-32.684	0.000	-2.15e+05	-1.91e+05
area	343.8899	3.790	90.746	0.000	336.461	351.319
bedrooms	7754.7548	5312.035	1.460	0.144	-2658.736	1.82e+04
bathrooms	-3969.9421	7180.589	-0.553	0.580	-1.8e+04	1.01e+04
_B	5.245e+05	4575.991	114.616	0.000	5.16e+05	5.33e+05
_C	109.5333	4965.465	0.022	0.982	-9624.557	9843.623
_ranch	-7323.4582	6678.993	-1.096	0.273	-2.04e+04	5769.759
_victorian	-1.351e+04	8236.830	-1.641	0.101	-2.97e+04	2632.855

图2-11　加入虚拟变量的多元线性回归模型

2.3.4　多重共线性的诊断

多重共线性是指在数据集中存在两个或多个自变量之间高度相关的情况，它会导致线性回归方程中回归系数的极度不稳定。因为自变量之间存在高度相关性，估计的结果可能会非常敏感、不可靠甚至完全相反。这样一来，回归方程的预测和解释能力便大大降低，也会影响模型的有效性和可靠性。

常见的处理方法有方差膨胀因子、主成分分析、正则化等方法，这里主要介绍方差膨胀因子，其计算公式为

$$\mathrm{VIF}_i = \frac{1}{1 - R_i^2}$$

式中，VIF_i 表示自变量 X_i 的方差膨胀因子；R_i^2 表示将该自变量作为因变量时，与其他自变量做回归时的 R^2。显然，当自变量 X_i 与其他自变量的相关性（即共线性）较强时，回归方程的 R_i^2 就会比较高，从而导致该自变量的方差膨胀因子 VIF_i 较高。一般来说，方差膨胀因子大于10时，说明存在严重的多重共线性。

下面将从本章的建模案例中展示多重共线性对模型的影响，以及自定义方差膨胀因子函数对自变量进行检测。

（1）发现问题

从图2-11的coef列可以得出回归方程：

$$\begin{aligned} price =\ & -203200 + area \times 344 + bedrooms \times 7755 - bathrooms \times 3970 \\ & + B \times 524500 + C \times 110 - ranch \times 7323 - victorian \times 13510 \end{aligned}$$

下面是虚拟变量的回归系数解读。

① 其他条件不变的情况下，如果房屋坐落在街区B，预测房屋总价将增加524500美元。

② 其他条件不变的情况下，如果房屋样式为ranch——牧场式，预测房屋总价将少7323美元。

按常理来说，其他条件不变的情况下，房屋面积越大，房间越多，房屋价格就应该越高。但观察上面的回归方程，我们会发现：area和bedrooms的回归系数是正的，而bathrooms的系数却是负的（−3970）。难不成浴室数量每增加一个，房价还反倒下降3970美元？

通过绘制箱型图和热力图（图2-12），可以看出：

① 整体来看，房屋价格会随着卧室/浴室数量的增加而上升。

② 自变量area、bedrooms和bathrooms之间存在强相关性。

（2）自定义检测方差膨胀因子的函数

第三方库statsmodels中的variance_inflation_factor方法可以快速实现vif的检

测。但笔者这里依然采用自写函数的方式，是为了能够更加清晰直观地展示vif
表达式的计算过程，便于读者理解其含义。

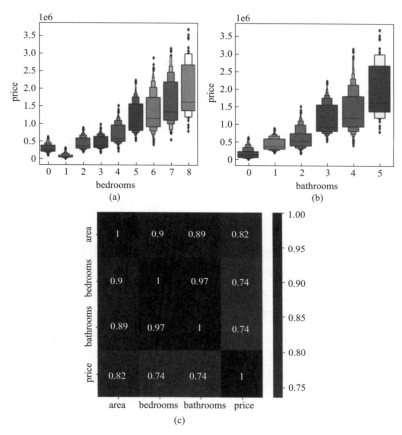

图2-12　多重共线性诊断分析

```
# 自定义方差膨胀因子的检测公式
def vif(df, col_i):
    """df: 整份数据，col_i: 被检测的自变量名，返回vif"""
    cols = list(df.columns)
    cols.remove(col_i)
    # 将被检测的自变量移除，当成因变量，与剩下的自变量进行回归
    cols_noti = cols
    formula = col_i + '~' + '+'.join(cols_noti)
    # 构建多元线性回归 ols 函数中的字符串公式
    r2 = ols(formula, df).fit().rsquared
    # 自变量之间的回归，并调取模型的 R 方
    return 1. / (1. - r2)
```

（3）对数据集中的连续变量进行膨胀因子检测

这里使用的数据集为2.3.3节中拼接了虚拟变量的数据results，检测结果如图2-13所示。

```
test_data = results[['area', 'bedrooms', 'bathrooms',
                     '_B', '_C', '_ranch', '_victorian']]
for i in test_data.columns:
    print(i, '\t', vif(df=test_data, col_i=i))
```

```
area        5.984296587086673
bedrooms        22.31245978552386
bathrooms        19.194017927866433
_B        1.3707054917803005
_C        1.3707591622615862
_ranch        2.544409789289418
_victorian        4.616083919871386
```

图2-13 方差膨胀因子的检测

可见bedrooms和bathrooms的方差膨胀因子大于10，说明存在严重的多重共线性。通常，高膨胀因子值是成对出现的，说明这两个自变量解释的是同一个问题［图2-12（c）显示bedrooms和bathrooms的相关性高达0.97］。此时可以考虑删除其中一个变量，或者构造一个能够综合两个变量信息的新变量。

- 方法1：删除膨胀因子值较大的变量bedrooms。
- 方法2：构造综合变量total_rooms（bedrooms+bathrooms）。

接下来使用方法2对数据重新进行检测和建模，读者可自主尝试方法1。检测和建模结果分别如图2-14的（a）、（b）所示。

```
area        5.96484384740864
total_rooms        7.99282347303533
_B        1.3704658900527311
_C        1.3707377507409495
_ranch        2.540438933675086
_victorian        4.598836921174252
```

(a)

OLS Regression Results

Dep. Variable:	price	R-squared:	0.919
Model:	OLS	Adj. R-squared:	0.919
Method:	Least Squares	F-statistic:	1.143e+04
Date:	Sat, 10 Jun 2023	Prob (F-statistic):	0.00
Time:	23:14:40	Log-Likelihood:	-80346.
No. Observations:	6028	AIC:	1.607e+05
Df Residuals:	6021	BIC:	1.608e+05
Df Model:	6		
Covariance Type:	nonrobust		

	coef	std err	t	P>|t|	[0.025	0.975]
Intercept	-2.005e+05	5581.584	-35.919	0.000	-2.11e+05	-1.9e+05
area	344.1030	3.783	90.951	0.000	336.686	351.520
total_rooms	2860.9546	1898.091	1.507	0.132	-859.983	6581.892
_B	5.244e+05	4575.581	114.613	0.000	5.15e+05	5.33e+05
_C	90.1757	4965.415	0.018	0.986	-9643.816	9824.167
_ranch	-7063.1989	6673.764	-1.058	0.290	-2.01e+04	6019.768
_victorian	-1.302e+04	8221.409	-1.583	0.113	-2.91e+04	3099.247

(b)

图2-14 减轻多重共线性后再次检测与建模的结果

从图2-14可以发现，各变量的方差膨胀因子均处在相对合理的范围之内，建模后的 R^2 虽然与加入虚拟变量后建模时（图2-11）的一样，都是0.919，但各自变量回归系数的可解释性更加合理，不会再出现"浴室数越多，房价反倒越低"的谬误。

需要注意的是，无论是使用方差膨胀因子、主成分分析，还是正则化等方法，都只能有限度地减轻共线性对模型的影响，并不能做到完全消除。因此，在处理多重共线性问题时，还需要结合实际的业务情况具体分析。

2.3.5　残差分析

R^2 / R^2_{adj} 是评估线性回归模型优劣的指标之一。但模型的整体好坏不能只看 R 方，还需要结合残差分析。前者反映模型对数据的拟合程度，但无法反映模型的潜在问题，即非线性、异方差性、自相关等，所以残差分析是评估线性回归模型的重要环节。

例如，残差分析中常出现下列情况：

① 明显的异方差或者非线性趋势：这时需要对模型进行变量转换或加入新的控制变量以更好地解释数据。

② 残差图中存在异常点或者离群值：这些数据点可能会对模型拟合结果产生较大的影响，需要处理或直接剔除。

因此，结合 R 方和残差分析才可以更全面地评价多元线性回归模型的准确性和适用性（泛化能力）。

残差（residual）-预测（predict）值图通过散点图的方式，将预测值从小到大排列后与相应残差（真实值与预测值的差）的关系展示出来，通常可以分为以下几种情况，如图2-15所示。

图2-15（a）中，残差值随预测值的增大而随机分布（不论增大的方向是正向还是负向），上下界也基本对称，属于正常状态的残差，它的方差基本为齐性。

图2-15（b）中，残差和预测值呈线性关系，意味着自变量和因变量间可能不是线性关系，使用线性回归模型是不合适的（模型的误差应该是随机的，而不是有规律的，误差有规律，说明模型一定出了问题）。

从图2-15（c）中，可以看出残差上下基本对称，但随着预测值的增大（正向或负向），其上下浮动的幅度也会不断增加，这说明残差的方差不齐，模型需要进一步修正。

图2-15（d）中，残差随着预测值的增大而呈现周期性的变化，表明自变量和因变量可能是周期变化的关系。

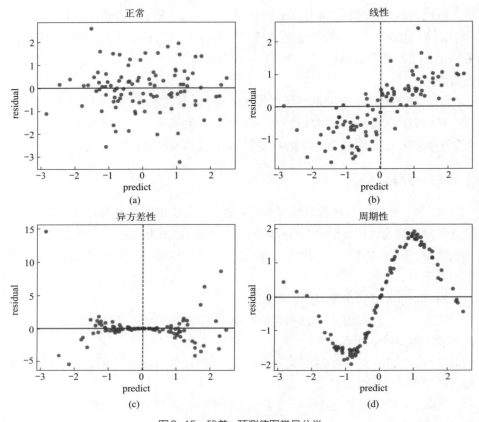

图2-15   残差-预测值图常见分类

下面使用Python展示残差图的绘制和变量优化。为了方便说明处理过程，我们使用简单线性回归模型，数据集依然是house_price.csv，自变量为area，因变量为房屋价格price。残差图如图2-16所示。

```
lm = ols('price ~ area', data=df).fit()
df['price_predict'] = lm.predict() # 使用建好的模型进行预测
df['residual'] = df['price']-df['price_predict']
df.plot(x='price_predict', y='residual', kind='scatter', alpha=0.3)
# alpha表示点的透明度
```

残差不呈现出散乱的点而是两条直线，是因为房屋价格的标准差和分布差异很大（图2-17），所以横轴难以展示细微的变化；又因为数据量大，难免会有不少点重叠，所以用参数alpha来调节点的透明度，以展示更多信息。

从图2-16可以看出，残差基本保持上下对称，且正负的幅度逐渐增大，说明存在异方差问题。接下来的模型修正可以采取以下几种处理方法：

① 变量转换：对自变量或因变量进行一些数学变换。例如取对数、求平方根

等，使数据的离散程度更加均匀。

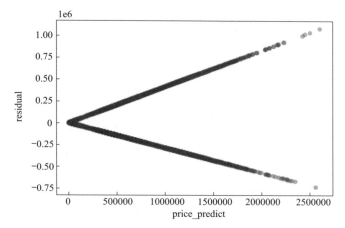

图2-16　简单线性回归的残差图

表中1e6表示×10^6

```
count       6025.0
mean      754577.3
std       523541.6
min        12663.0
25%       364219.0
50%       636252.0
75%       966763.0
max      3684602.0
Name: price, dtype: float64
```

图2-17　房屋价格标准差与分布

② 权值回归：对不同样本点的残差赋予不同的权重，使得残差的方差变得更加稳定。比如使用加权最小二乘法来拟合模型。

③ 广义最小二乘回归：如果能找到一个可靠的误差方差函数模型，则可以进行广义最小二乘回归。该方法可以通过估计方差函数并将其纳入回归模型中，从而使模型更加准确。

本节将用取对数这种变量转换方法来处理自变量和因变量，这种变换方式可以使得原始数据的范围和离散度缩小。此外，对数函数还能抑制极端值对整份数据的影响，因为它在接近零时增长迅速，在接近无穷大时的增长却趋于缓慢。所以综合来看，对变量取对数可以使本例数据分布更加均匀。

下面是对自变量和因变量取对数前后的数据分布情况对比。

```
# 对自变量和因变量均进行取对数处理
df['price_log'] = np.log(df['price'])
```

```python
df['area_log'] = np.log(df['area'])
# 绘制子图
fig, axs = plt.subplots(ncols=2, nrows=2, figsize=(10, 8))
sns.histplot(df['price'], kde=True, ax=axs[0][0])
axs[0][0].set_title('Price')
sns.histplot(df['price_log'], kde=True, ax=axs[0][1])
axs[0][1].set_title('Log(Price)')
sns.histplot(df['area'], kde=True, ax=axs[1][0])
axs[1][0].set_title('Area')
sns.histplot(df['area_log'], kde=True, ax=axs[1][1])
axs[1][1].set_title('Log(Area)')
plt.subplots_adjust(left=0.1, right=0.9, bottom=0.1, top=0.9,
                    wspace=0.2, hspace=0.3)
# 关闭科学记数法
axs[0][0].ticklabel_format(style='plain', axis='x')
plt.show()
```

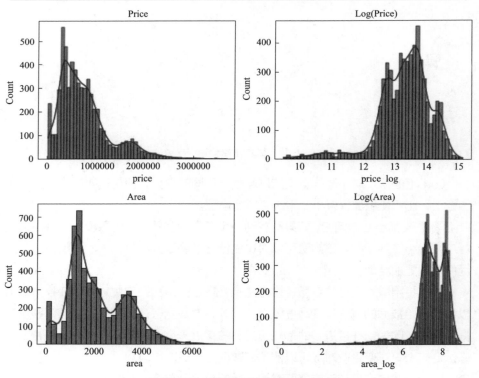

图2-18   对数转换后的数据分布比较

由图2-18可以看到，area和price各自数据内部的比例关系并没有因为取对数而改变，两者的值域范围（x轴范围）却得到了压缩，即数据的离散程度大大缩小了。

之后，再次进行建模和绘制残差图（图2-19）。

```
# 对比模型精度
lm = ols('price ~ area', data=df).fit()
print(f'未对自变量和因变量取对数时，模型的R方：{lm.rsquared}')
lm = ols('price_log ~ area_log', data=df).fit()
print(f'对自变量和因变量取对数后，模型的R方：{lm.rsquared}')

df['price_predict_log'] = lm.predict()
df['residual'] = df['price_log']-df['price_predict']
df.plot(x='price_predict_log', y='residual', kind='scatter',
        alpha=0.3)
plt.axhline(y=0, color='r', linestyle='--')
```

未对自变量和因变量取对数时，模型的R方：0.6777538929154127
对自变量和因变量取对数后，模型的R方：0.836541682336059
〈AxesSubplot:xlabel='price_predict_log', ylabel='residual'〉
〈matplotlib.lines.Line2D at 0x1855cb35130〉

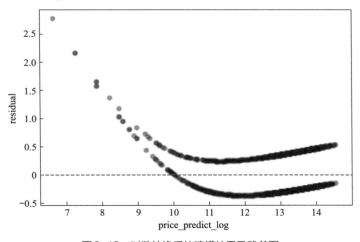

图2-19 对数转换后的建模结果及残差图

由图2-19可以看出，用了对数转换后，变量的模型表现明显好于旧的模型，且残差分布也比之前好了许多（price_predict_log为10之前的数据，很可能存在异常值），因为area_log和price_log的较大数值会被"抑制"，这也是对数函数的作用。

2.3.6　线性回归模型评估小结

① 线性回归模型的因变量一定要是连续变量，而且自变量与因变量需要具备一定的相关性，分类变量放入模型时需要经过转换。

② 自变量的回归系数需要进行显著性检验（statsmodels会自动给出），一些时候其实回归系数就已经能说明问题，所以需要仔细观察（比如本章的案例：浴室数越多，房价反而越低）。

③ 一定要对多元线性回归模型进行共线性诊断，否则会使模型非常不稳定。

④ 光看 R^2 和 R_{adj}^2 还不够，仍需结合残差分析，这对模型的稳定性和可解释性来说非常重要。

需要注意的是，各种统计学方法只能帮助我们构建出精确的模型，而非完全正确的模型。模型终究只是辅助，无法代替我们进行思考和决策，所以只有对业务场景有足够多和深入的了解，才能尽可能找到全面和合适的变量用于建模。

第 **3** 章

逻辑回归预测电信客户流失情况

本章主要介绍用于预测二分类变量（变量的分类只有两个可能的取值："1/0""是/否"）的逻辑回归模型。

3.1　逻辑回归

逻辑回归历史悠久，运算速度快，而且可以输出连续的概率预测值，这在金融风控领域中的信用评级、欺诈识别，以及市场营销中的客户留存和个性化推荐中发挥着非常重要的作用。

与多元线性回归不同的是，逻辑回归的自变量可以是连续变量也可以是分类变量，而因变量只可以是分类变量。

本章将使用电信客户流失数据集telecom_churn.csv进行代码演示和知识点的讲解。通过监控客户数据、行为和偏好等信息来判断其是否可能会流失，以便提前采取措施。案例的因变量为二分类变量：1表示流失，0表示留存。

Python读入数据及变量的简要说明如下。

```python
import pandas as pd
import numpy as np

# 提高输出效率库
from IPython.core.interactiveshell import InteractiveShell
# 实现 notebook 的多行输出
InteractiveShell.ast_node_interactivity = 'all'  #默认为 'last'

churn = pd.read_csv('telecom_churn.csv', skipinitialspace=True)
```

变量简要说明如表3-1所示。

表3-1　变量简要说明

列名	含义
subscriberID	用户 ID
churn	因变量：是否流失（1表示流失，0表示未流失）
gender	性别（男、女）
AGE	年龄
edu_class	教育程度（小学及以下、初中、高中/中专/技校、大专、本科、研究生及以上）
incomeCode	收入水平（1 ～ 10分别代表不同的收入区间）
duration	已加入运营商的时长（月）
feton	上月ARPU值（平均每个用户每月产生的收入）
peakMinAv	月峰值通话时间（分钟）
peakMinDiff	非月峰值通话时间（分钟）
posTrend	正向情感倾向得分

续表

列名	含义
negTrend	负向情感倾向得分
nrProm	最近 6 个月参与的营销活动次数
prom	是否参与当前的营销活动（1 表示参与，0 表示未参与）
curPlan	当前套餐类型（A/B/C 三种）
avgplan	历史平均套餐价格
planChange	套餐变更次数
posPlanChange	套餐升级次数
negPlanChange	套餐降级次数
call_10086	最近 3 个月拨打客服电话的次数

3.1.1　从相关性分析到逻辑回归

与多元线性回归一样，逻辑回归也要求自变量与因变量之间需要具有相关性，图 3-1 是两者的热力图对比（逻辑回归的热力图只取部分自变量）。

➤ 为什么逻辑回归热力图中的数值明显比线性回归的小？

与线性回归不同，逻辑回归中的因变量是二分类变量，通常用 0 和 1 表示，所以自变量与因变量之间的关系通过对数几率函数建模来表达，而不是线性关系。因此，在逻辑回归中，相关系数并不能很好地展现自变量和因变量之间的关系。

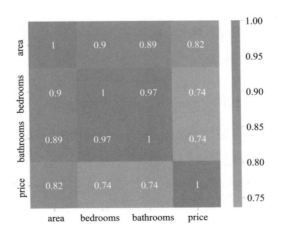

(a) 线性回归的变量热力图

图3-1

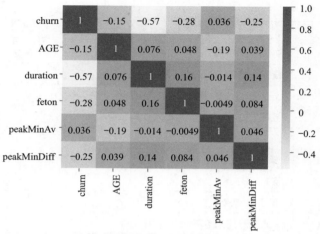

(b) 逻辑回归的变量热力图

图3-1   线性回归与逻辑回归的变量热力图

通常我们会使用统计检验来研究逻辑回归模型中自变量和因变量之间的关系。这需要读者熟练掌握第1章统计学的内容。

现在需要探究使用时长（duration）与用户流失与否（churn）间的关系，这是一个连续自变量和一个二分类因变量，可以使用双样本t检验。由图3-2可知，使用时长对是否流失的影响十分显著。

```python
from scipy import stats
t, p = stats.ttest_ind(churn.query('churn == 0')['duration'],
                       churn.query('churn == 1')['duration'])
print("t statistic:", t)
print('p-value: {:.10f}'.format(p))
```

```
t statistic: 40.53616963779622
p-value: 0.0000000000
```

图3-2   churn-duration双样本t检验结果

又或者，我们猜想受教育程度（edu_class）对流失也有影响。自变量和因变量都是分类变量时，可以使用列联表探究，代码如下。

```python
cross_table = pd.crosstab(index=churn.edu_class, columns=churn.churn,
                          margins=True)
cross_table
```

输出的交叉表如表3-2所示。

很多时候，比例会比单纯的数字更能说明问题，所以我们自定义一个对表格内的每一列求百分比的函数,并应用到表3-2上。

```
# 转化成百分比的形式,这个函数经常搭配列联表分析使用
def perConvert(ser):
    return ser/float(ser[-1])


cross_table.apply(perConvert, axis='columns')
# axis='columns' 也可以写成 axis=1,表示对列使用这个函数
```

输出结果如表3-3所示。

表3-2 二分类变量交叉表

churn	0.0	1.0	All
edu_class			
0.0	647	577	1224
1.0	718	598	1316
2.0	462	320	782
3.0	102	39	141
All	1929	1534	3463

表3-3 转化成百分比的列联表

churn	0.0	1.0	All
edu_class			
0.0	0.528595	0.471405	1.0
1.0	0.545593	0.454407	1.0
2.0	0.590793	0.409207	1.0
3.0	0.723404	0.276596	1.0
All	0.557031	0.442969	1.0

通过观察,我们发现受教育水平越高的用户,留存的可能性就越大。比如 edu_class为0.0和3.0的这两行,留存和流失的比例分别为53∶47和72∶28。

其他变量的相关性分析,此处不再赘述。

3.1.2 逻辑回归公式原理

逻辑回归的公式如下:

$$P(y=1) = \frac{1}{1+e^{-(\beta_0+\beta_1 x_1+\beta_2 x_2+\cdots+\beta_n x_n)}}$$

式中, $\beta_0, \beta_1, \cdots, \beta_n$ 是回归系数; $x_0, x_1, \cdots, x_n$ 是自变量的取值。它能够根据自变量预测出因变量响应("响应"指的是因变量为1的情况,即本章案例中的"流失")的概率。

逻辑回归的输出如表3-4所示。

以表3-4中的duration(-0.271547)和call_10086(-0.736571)为例:在其他条件不变的情况下,用户加入运营商的时长(月)每增加一个月,流失($y=1$)的概率就会下降;近3个月拨打10086客服的次数每增加一次,流失的概率就下降一些。至于这些概率到底是多少,还需要将回归系数与逻辑回归的公式相结合(在6.2节展开)。

表3-4　逻辑回归的输出

变量名	回归系数	中文解释
gender	1.629450	性别（男、女）
AGE	−0.004972	年龄
edu_class	0.528194	教育程度（小学及以下、初中、高中/中专/技校、大专、本科、研究生及以上）
incomeCode	0.015472	收入水平（1～10分别代表不同的收入区间）
duration	−0.271547	已加入运营商的时长（月）
feton	−1.232098	上月ARPU值（平均每个用户每月产生的收入）
peakMinAv	0.001255	月峰值通话时间（分钟）
peakMinDiff	−0.002039	非月峰值通话时间（分钟）
posTrend	−0.031783	正向情感倾向得分
negTrend	0.489563	负向情感倾向得分
nrProm	0.054454	最近6个月参与的营销活动次数
prom	0.270697	是否参与当前的营销活动（1表示参与，0表示未参与）
curPlan	0.188916	当前套餐类型（A/B/C三种）
avgplan	0.131995	历史平均套餐价格
planChange	0.001137	套餐变更次数
posPlanChange	−0.055756	套餐升级次数
negPlanChange	−0.024136	套餐降级次数
call_10086	−0.736571	最近3个月拨打10086客服的次数

> ➤ 既然都是回归，且建模结果的形式也如此相像，那么逻辑回归的公式是怎么来的？

先来看多元线性回归的公式，即 $Y = \beta_0 + \beta_1 X_1 + \beta_2 X_2 + \beta_3 X_3 + \cdots + \beta_n X_n + \varepsilon$，预测的是一个连续变量。逻辑回归预测的是 Y 发生的可能性 P（0～1之间），所以我们也需要找到一种方式，把 $Y(P)$ 和 $\beta_0 + \beta_1 X_1 + \beta_2 X_2 + \beta_3 X_3 + \cdots + \beta_n X_n$ 两者结合起来。

（1）odds

既然提到了 P，比如流失的可能性，相应的就有 $1-P$，也就是不流失的可能性。为了兼顾两方，我们引入odds这个概念：odds是指某个事件发生的概率与它不发生的概率之间的比值。换句话说，如果一个事件发生的概率为 P，那么其

odds为$P/(1-P)$。

虽然$\dfrac{P}{1-P}$只是一种普通的数学转换，但在各个领域中都具有现实意义。在本章的流失预警中，$\dfrac{P}{1-P}$表示样本中流失概率是不流失概率的倍数。

图3-3为$P/(1-P)$的曲线图，从中发现$P=1$时，$Y=1/0=$无穷大的数（无意义，因为分母不能为0）。

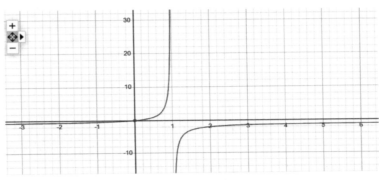

图3-3　$P/(1-P)$曲线图

我们希望将$P/(1-P)$的结果变得有意义，于是引入取对数log这个操作（图3-4）。

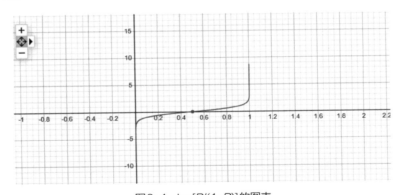

图3-4　$\log[P/(1-P)]$的图表

取对数后，$P=1$时，$Y=\log(1/0)$的结果还是无穷大的数，这依然没有意义。但曲线开始变得以0.5为纵轴对称起来，且在$P=0.5$时取得0值，在$P=0$或1时取得负无穷或正无穷。而且有趣的是，$P=0.2$和$P=0.8$、$P=0.4$和$P=0.6$的值的绝对值是一样的。

所以，当我们去掉$P=0$和$P=1$这两个特殊情况时，$\log[P/(1-P)]$的图像为一条斜率不为零的直线（图3-5）。因此，我们可以将其看作一个线性函数。

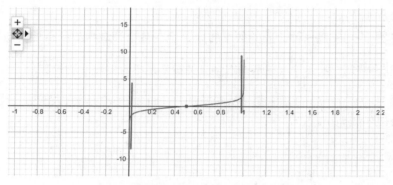

图3-5   去掉特殊情况的$\log[P/(1-P)]$曲线

（2）Logit变换

本小节开始时讲到，需要找到把$Y(P)$和$\beta_0 + \beta_1 X_1 + \beta_2 X_2 + \beta_3 X_3 + \cdots + \beta_n X_n$两者结合起来的方法即有没有一种方法能将逻辑回归中的因变量概率值P（0和1），转换成像多元线性回归因变量那样的连续变量？

上面提到去掉$P=0$和$P=1$这两个特殊情况时，$\log[P/(1-P)]$可以看作一个线性函数。那么，我们便可以将$\log[P/(1-P)]$作为线性回归的值（因变量），即

$$\log\left(\frac{P}{1-P}\right) = \beta_0 + \beta_1 X_1 + \beta_2 X_2 + \beta_3 X_3 + \cdots + \beta_n X_n$$

又因为逻辑回归的因变量是一个概率值，所以只需要想办法把等式左边变成P。

两边取自然对数：

$$\frac{P}{1-P} = e^{\beta_0 + \beta_1 X_1 + \beta_2 X_2 + \beta_3 X_3 + \cdots + \beta_n X_n}$$

分母右移：

$$P = e^{\beta_0 + \beta_1 X_1 + \beta_2 X_2 + \beta_3 X_3 + \cdots + \beta_n X_n} - P \times e^{\beta_0 + \beta_1 X_1 + \beta_2 X_2 + \beta_3 X_3 + \cdots + \beta_n X_n}$$

$$P + P \times e^{\beta_0 + \beta_1 X_1 + \beta_2 X_2 + \beta_3 X_3 + \cdots + \beta_n X_n} = e^{\beta_0 + \beta_1 X_1 + \beta_2 X_2 + \beta_3 X_3 + \cdots + \beta_n X_n}$$

$$P(1 + e^{\beta_0 + \beta_1 X_1 + \beta_2 X_2 + \beta_3 X_3 + \cdots + \beta_n X_n}) = e^{\beta_0 + \beta_1 X_1 + \beta_2 X_2 + \beta_3 X_3 + \cdots + \beta_n X_n}$$

$$P = \frac{e^{\beta_0 + \beta_1 X_1 + \beta_2 X_2 + \beta_3 X_3 + \cdots + \beta_n X_n}}{1 + e^{\beta_0 + \beta_1 X_1 + \beta_2 X_2 + \beta_3 X_3 + \cdots + \beta_n X_n}}$$

分子分母化简后得到最终结果：

$$P = \frac{1}{\dfrac{1}{e^{\beta_0 + \beta_1 X_1 + \beta_2 X_2 + \beta_3 X_3 + \cdots + \beta_n X_n}} + 1} = \frac{1}{1 + e^{-(\beta_0 + \beta_1 X_1 + \beta_2 X_2 + \beta_3 X_3 + \cdots + \beta_n X_n)}}$$

逻辑回归的公式能够将任意实数映射到$0 \sim 1$之间的一个概率值上，这个概率值可以理解为样本属于正类（$y=1$）的概率。

3.2　Python中实现逻辑回归

本节仍使用telecom_churn.csv数据集，使用的工具包为sklearn，与更注重统计分析和推断的statsmodels包不同，sklearn更多的是提供机器学习算法和预处理技术。读者可以参考官方文档灵活地使用。

首先将数据集划分为训练集和测试集两个部分。训练集用于模型训练，测试集则用于检测模型的表现和泛化能力。

```python
# 拆分自变量和因变量
X = churn.drop(columns=['subscriberID', 'churn'])  # 用户ID列没有意义
y = churn['churn']
# 拆分测试集和训练集
from sklearn.model_selection import train_test_split
X_train, X_test, y_train, y_test = train_test_split(X, y,
                                                    test_size=0.3)
print(f'训练样本量：{X_train.shape[0]}')    # 2424
print(f'测试样本量：{X_test.shape[0]}')     # 1039
```

train_test_split方法会根据参数test_size将原数据随机拆分成指定的比例。

我们使用训练集来建立单变量逻辑回归模型，自变量为用户已加入运营商的时长（月），即duration。

```python
from sklearn.linear_model import LogisticRegression
# 创建模型
lg = LogisticRegression()
# 许多默认参数已经自动设置好，读者可查阅sklearn的官方文档，自行探究和更改
# 拟合模型
lg.fit(X=X_train['duration'].values.reshape(-1,1), y=y_train.values)
# X输入应该是一个二维数组或矩阵，y输入应该是一个一维数组。如果传入的是
DataFrame的单列元素，则需要使用 reshape 函数将其转换为一维数组
```

拟合模型后，sklearn并不会像statsmodels的.summary方法那样展示各种统计信息，而是需要手动访问，以下是一些常用的方法和属性：

- coef_：模型学习到的系数（即特征权重），对应于每个输入特征的影响力。
- intercept_：模型学习到的截距，表示当所有输入特征都为0时，模型的预测值。
- predict(X): 对给定的输入样本 X 进行预测，并返回预测结果。
- predict_proba(X): 返回输入样本 X 属于不同类别的概率。
- score(X, y): 返回模型对输入样本 X 和目标变量 y 的预测准确率。

这里我们打印出自变量的回归系数和截距（图3-6），回归方程可以写为

$$P(y=1) = \frac{1}{1+e^{-(-0.25x_1+2.66)}}$$

式中，x_1 代表 duration 的值；P 代表流失的概率。假设 x_1 从1增加到2，那么流失概率 P 会从0.917变为0.895，下降0.022。即 duration [用户已加入运营商的时长（月）] 每增加一个单位后，流失发生的概率会下降2%，这也与实际业务常识一致。

```
Print (f'自变量duration 的回归系数: {lg.coef_}，截距: {lg.intercept}')
```

自变量 duration 的回归系数: [[-0.25229565]]，截距: [2.66420191]

图3-6　自变量的回归系数和截距

多元的逻辑回归实现过程也类似，代码如下：

```
lg = LogisticRegression()
lg.fit(X=X_train, y=y_train)
```

我们从表3-4中截取部分明显有悖于实际业务常识的自变量及其回归系数，如表3-5所示。

表3-5　部分有悖于实际的指标

变量名	回归系数	中文解释
posTrend	−0.031783	正向情感倾向得分
negTrend	0.489563	负向情感倾向得分
nrProm	0.054454	最近6个月参与的营销活动次数
prom	0.270697	是否参与当前的营销活动（1表示参与，0表示未参与）
curPlan	0.188916	当前套餐类型（A/B/C 三种）
avgplan	0.131995	历史平均套餐价格
planChange	0.001137	套餐变更次数

按照业务常识来看，nrProm、avgplan等，都应该是一些比较正向的指标，只有那些不轻易离开的用户，才会参与更多的营销活动，选择更高价格的套餐。这几个变量的回归系数均大于0，表明这些指标的值越高，用户流失的概率反倒越大。

其实"逻辑回归的系数存在可解释性出现偏差"这个问题，与多元线性回归一样，都有方差膨胀因子（vif）的"功劳"。这里，我们依然使用自定义函数来检测：

```
def vif(df, col_i):
    from statsmodels.formula.api import ols
```

```
    cols = list(df.columns)
    cols.remove(col_i)
    cols_noti = cols
    formula = col_i + '~' + '+'.join(cols_noti)
    r2 = ols(formula, df).fit().rsquared
    return 1. / (1. - r2)

for i in X_train.columns:
    print(i, '\t', vif(df=X_train, col_i=i))
```

由图3-7（a）可以看到，框出变量的 *VIF* 均大于10，说明自变量存在显著的多重共线性，需要删除部分。这里我们去除'posTrend'、'nrProm'、'curPlan'三个变量后再次检测。

```
drop = ['posTrend', 'nrProm', 'curPlan']
final_left = [x for x in X_train.columns.tolist() if x not in drop]

# 更新训练集和测试集，注意：测试集也要一并更新
X_train = X_train[final_left]
X_test = X_test[final_left]    # 更新测试集
for i in X_train.columns:
    print(i, '\t', vif(df=X_train, col_i=i))
```

```
gender      1.013828601714016
AGE         1.060456623606816
edu_class       1.0920844121231994
incomeCode      1.03043106622254
duration        1.1693177700874209
feton       1.0415747699342992
peakMinAv       1.2327600251850426
peakMinDiff     1.731588371717823
posTrend        12.334516237633975
negTrend        12.202107271274556
nrProm      10.28309899343245
prom        10.350618857072124
curPlan         241.0257403200093
avgplan         238.2580996100695
planChange      10.49230341078418
posPlanChange   4.744355113313798
negPlanChange   2.029569273814462
call_10086      1.0359751931440362
```
(a) 未剔除部分变量

```
gender      1.0114300606788191
AGE         1.0657386337500985
edu_class       1.0923140644629261
incomeCode      1.024130503658478
duration        1.1610129672075404
feton       1.0438846700711766
peakMinAv       1.1840868026809201
peakMinDiff     1.7257804315239917
negTrend        1.7119924524323078
prom        1.0085470386004465
avgplan         1.1302224570374084
planChange      5.366249528376339
posPlanChange   3.6860156290453956
negPlanChange   2.6519028784068515
call_10086      1.0334620536754504
```
(b) 剔除部分变量

图3-7　逻辑回归方差膨胀因子检测

由图3-7（b）可以看到，自变量没有再出现显著的多重共线性。这时，我们再次进行逻辑回归建模。

```
lg = LogisticRegression()
lg.fit(X=X_train, y=y_train)
```

3.3 分类模型的评估

本节主要介绍分类模型的评估方法，着重介绍最常用的评估指标，即混淆矩阵与ROC曲线，并提供Python的实现方法。

3.3.1 模型预测

建模结束后，可以使用逻辑回归模型的predict_proba和predict来预测，结果见图3-8。

	y_true	y_pred_proba	y_pred
320	1.0	0.90	1.0
991	0.0	0.45	0.0
2694	1.0	0.99	1.0
1292	0.0	0.62	1.0
2670	0.0	0.00	0.0

图3-8   predict和predict_proba对测试集进行预测

① predict_proba：预测$y=1$的概率。

② predict：直接对y是等于0还是等于1预测，predict会基于predict_proba进行计算。默认阈值为0.5，当某个测试样本属于正类的概率大于等于0.5时，模型将其预测为正类（1），否则预测为负类（0）。

```
result = round( pd.DataFrame({'y_true': y_test,
              'y_pred_proba': y_test_pred_proba[:,1],
              'y_pred': y_test_pred}), 2)
result.sample(5)
# round(data, n) 表示保留至小数点后两位
```

至于模型的精度，即准确度的计算，我们可以用预测对的个数除以数据总量得出，也可以直接使用sklearn的score方法。只要传入测试数据和测试数据对应的分类标签，score方法会自动对测试数据进行预测，并计算出模型在测试数据上的精度（图3-9）。

```
# 数学计算法
acc = sum(result['y_pred'] == result['y_true'])/np.float(len(result))
print(f' 数学计算法计算准确度：{acc}')

# sklearn 方法
print(f'Sklearn 方法：{lg.score(X=X_test, y=y_test)}')
```

数学计算法计算准确度：0.821944177093359
Sklearn 方法：0.821944177093359

图3-9　二分类模型精度的计算

➢ 然而，这种仅凭借"预测y=1的概率是否超过0.5"就进行一刀切的分类方法是否可靠呢？

这种方法并不可靠。该方法在以下几种情况下存在着较大的缺陷：

① 数据分布不均匀。一些情况下正负类样本的分布极度不平衡，比如银行贷款违约预测，履约和违约的人数比为1000∶1。那么，模型就会倾向于预测多数类别，从而导致少数类别的识别率低下。这时就需要采用重采样、加权等技术来平衡数据分布。

② 分类边界模糊。假如样本中的每一个个体被预测成为正类的概率均在[0.48, 0.51]这个范围区间，说明两类样本的边界很模糊，传统分类器可能已不适用，需要使用一些非线性分类器来处理。比如决策树和最近邻算法（KNN）。

③ 误差成本不同。如果某医院的肿瘤科大夫，被模型告知"该病人患癌的概率为0.45（即y_pred_prob=0.45）"时，相信他也不敢轻易将病人归为未患癌那类，即y=0类，毕竟误判给病人带来的损失太大了。

所以接下来会介绍更加可靠的评估方法，如ROC曲线。

3.3.2　一致对、不一致对与相等对

ROC曲线是基于混淆矩阵提出的，而混淆矩阵是一致对、不一致对和相等对的扩展。所以这里先介绍这三个"对"的概念，这也是用来衡量分类器性能的常用指标。

① 一致对（concordant pair）：两个样本类别标签的顺序与它们的分类结果一致时，这两个样本被称为一致对。

② 不一致对（discordant pair）：两个样本类别标签的顺序与它们的分类结果不一致时，这两个样本被称为不一致对。

③ 相等对（tied pair）：两个样本类别标签顺序与分类结果相等时，这两个

样本被称为相等对。

关于概念中反复出现的"样本的标签顺序与它们的分类结果",理解过程如下：

为了找寻一致对、不一致对以及相等对，需要将每一个获得相关结果的人与每一个没有获得相关结果的人进行比较。以本章案例为例，首先将数据集划分为"流失"和"留存"两个群体后，再分别从两个群体中抽取比较的样本对。

以"已加入运营商的时长（月）"（duration）这个单变量为例（图3-10至图3-12）。

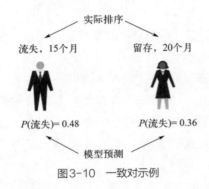

图3-10   一致对示例

① 一致对：实际排序与模型的预测相符。

图3-10中的实际排序和模型预测可以这样理解：

a. 实际排序：加入运营商的时长多一些的一方是留存，少一些的是流失。

b. 模型预测：加入运营商时长少一些的一方被预测流失的概率更高。

所以实际排序与模型预测相符，这是一个一致对。

② 不一致对：实际排序与模型的预测不符。

图3-11的这一个样本对中，加入时长较高的用户反倒流失了，但模型却给出了相反的预测。

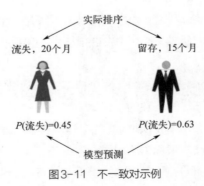

图3-11   不一致对示例

③ 相等对：模型无法分辨二者的排序。

图3-12的样本对中，加入时长相等的用户出现了两种相反的情况，模型却没有预测出来。

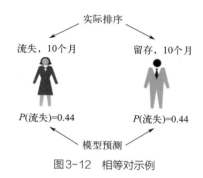

图3-12　相等对示例

3.3.3　混淆矩阵

混淆矩阵中的"混淆"二字指的是分类器在对数据进行分类时，容易混淆的类别有哪些。例如，在二分类中，如果模型把正例（负例）误判为负例（正例），模型的准确性和可靠性都将受到影响。

图3-13是一个混淆矩阵的示意图，为了方便记忆和理解，正例为1（即布尔值True），负类为0（False）。

		预测值	
		1(响应——Positive)	0(未响应——Negative)
真实值	1 (True)	*TP*	*FN* (漏报)
	0 (False)	*FP* (误报)	*TN*

图3-13　混淆矩阵示意图

可以看出，混淆矩阵的核心在于真实值和预测值的交叉表。样本的真实值，即所属类别标签分别为False（负例-0）和True（正例-1），预测值标签为Positive（被预测成1）和Negative（被预测成0）。

初学者想要快速理解该矩阵并不容易，下面提供笔者自己的巧记方法（图3-14）。

这样一来，无论表格的行列如何变化（有些人习惯把预测值和真实值的行转置，或者是把正例当成0，负例当成1），都能快速理解真实值和预测值的关系。

每对字母组合的含义如下：

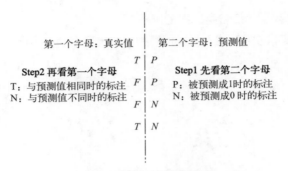

图3-14   混淆矩阵的理解方法

① TP: True Positive（真阳性），表示实际为正例的样本中被预测成正例的数量。

② TN: True Negative（真阴性），表示实际为负例的样本被预测为负例的数量。

③ FP: False Positive（假阳性），表示实际为负例的样本被错误地预测成正例的数量（也称为"误报"，即错误识别负例，把0识别成1）。

④ FN: False Negative（假阴性），表示实际为正例的样本被错误地预测为负例的数量（也称为"漏报"，即没有识别出正例，把1识别成0）。

一致对（concordant pairs）对应混淆矩阵中的TP和TN。它们表示模型正确预测的样本数量，代表分类模型在正确分类方面的性能。

不一致对（discordant pairs）则是指在混淆矩阵中的FP和FN。它们表示模型错误预测的样本数量，反映分类模型在错误分类方面的性能。

但是，单看这四个组合并不能说明问题，只有将它们综合考虑，计算模型的各种性能指标才有意义。

（1）强调预测精确程度（表3-6）

表3-6   强调预测精确程度的常用指标

指标名称	公式	解释
准确率（accuracy）	$(TP+TN)/(TP+FN+FP+TN)$	预测正确的占比
精确度（precision）	$TP/(TP+FP)$	正确预测为正例的样本数/所有预测为正例的样本数

（2）强调覆盖程度（表3-7）

（3）兼顾两者

兼顾两者时可考虑使用f1-score作为评估指标，它是精确度和召回率的调和平均值。公式如下：

$$f1-score = 2 \times \frac{Precision \times Recall}{Precision + Recall}$$

表3-7　强调覆盖程度的常用指标

指标名称	公式	解释
召回率［recall，灵敏度，真阳性率（true positive rate）］	$TPR=TP/(TP+FN)$	正确预测为正例的样本数 / 所有实际为正例的样本数
特异度（真阴性率，true negative rate）	$TNR=TN/(FP+TN)$	正确预测为负例的样本数 / 所有预测为负例的样本数
假正率（假阳性率，false positive rate）	$FPR=FP/(FP+TN)$	负例被错误地预测为正例的程度

　　f1-score（又称F-measure）综合精确度和召回率的表现，将它们加权平均，这样更能全面地评估分类器的性能。

　　以上3种指标的侧重点不同，精确度侧重于对预测结果为正样本时的准确性进行评估，因此适用于关注模型将负面影响降到最低的场景。例如，在医学诊断领域中，假阳性会给患者带来额外的检查与治疗，而假阴性则会错过重要的治疗机会，因此医生更关心模型的精确度。

　　而召回率侧重于对模型发现所有真实正样本的能力进行评估，因此更适用于关注模型是否可以最大程度地发现更多正样本的场景。例如，金融欺诈领域，需要尽可能地多识别出有欺诈风险的用户（正例为欺诈）。

　　Python实现混淆矩阵的代码和可视化图片（图3-15）如下，其中数据框result是3.3.1小节中的模型预测结果汇总。

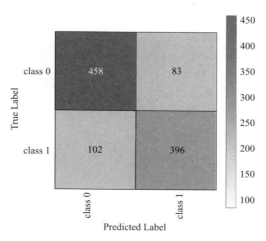

图3-15　Python绘制混淆矩阵

```python
from sklearn.metrics import confusion_matrix
import numpy as np

y_true = result['y_true']  # 真实值
y_pred = result['y_pred']  # 预测值

# 计算混淆矩阵
cm = confusion_matrix(y_true, y_pred)

# 可视化混淆矩阵
plt.figure(figsize=(6,6))
plt.imshow(cm, interpolation='nearest', cmap=plt.cm.Blues)
# cmap 为颜色主题
plt.colorbar()
tick_marks = np.arange(2)
plt.xticks(tick_marks, ['class 0', 'class 1'], rotation=45)
# rotation 表示旋转角度数
plt.yticks(tick_marks, ['class 0', 'class 1'])
plt.xlabel('Predicted Label')
plt.ylabel('True Label')

# 在混淆矩阵中添加数字
thresh = cm.max() / 2.
# 定义了一个 thresh 变量来确定文本颜色。如果单元格值大于该值，则文本将显示
为白色，否则为黑色。这有助于提高可读性
# 使用嵌套的循环遍历每个单元格，并使用text()方法将数字添加到混淆矩阵中
for i in range(cm.shape[0]):
    for j in range(cm.shape[1]):
        plt.text(j, i, format(cm[i, j], 'd'),
                ha="center", va="center",
                color="white" if cm[i, j] > thresh else "black")
```

但是，单凭一个带有数字而不是比例的混淆矩阵（图3-16），往往难以说明问题，所以我们通常会结合sklearn的metrics方法，打印出两类指标的表格，一并分析，分类表格如图3-17所示。

```python
from sklearn import metrics

print(f'训练集样本量：{X_train.shape[0]},
        测试集样本量：{X_test.shape[0]}')
```

```
# metrics 的分类表格函数
print(metrics.classification_report(y_true=result['y_true'],
                                     y_pred=result['y_pred']))
```

训练集样本量：2424，测试集样本量：1039

	precision	recall	f1-score	support
0.0	0.82	0.85	0.83	541
1.0	0.83	0.80	0.81	498
accuracy			0.82	1039
macro avg	0.82	0.82	0.82	1039
weighted avg	0.82	0.82	0.82	1039

图3-16　metrics打印分类表格

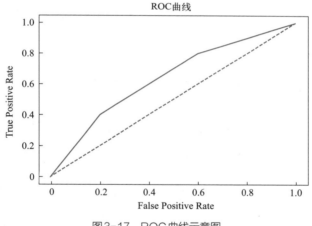

图3-17　ROC曲线示意图

以图3-16中正类（1）的召回率0.80为例，其对应混淆矩阵（图3-16）中的 $TP/(TP+FN)$=396/(396+102)。其他分类上的指标同理，support表示每一类的数据量，macro avg和weighted avg分别表示普通平均和加权平均。

3.3.4　ROC曲线与AUC值

ROC曲线和AUC（area under curve，即ROC曲线下的面积）主要解决以下两个问题：

① 仅凭借"预测y=1的概率是否超过0.5"就进行一刀切的分类方法是否可靠？

② 既然已经有精确度这样的指标能够衡量模型的精准程度，为什么还需要召回率这样的覆盖度指标？

3.3.1节展示了默认阈值（0.5）下的预测结果，3.3.3节展示了基于预测结果和真实值得出的混淆矩阵。由此可见，一个阈值只能得出一个混淆矩阵，也只能有一个TPR和FPR，所以仅凭一个阈值就对模型进行评估未免过于武断。如果能得到阈值从0到1这个范围区间下每一个模型的表现，这样才具有说服力。

至于第二个问题，不妨这样考虑：如果某肿瘤疾病的发病率非常低，1000个疑似病患里才会有1个确诊。那么，如果我们用精确度来评估建好的肿瘤识别模型，会有什么结果？这样一来，哪怕全部预测值为0（不患病），其准确率依然可以高达99%，但正例1（患病）的覆盖度为0。由此可见，覆盖度（尤其是正例的覆盖度）才更能体现模型的效果，特别是数据的正负例比例极度不平衡的时候。

ROC英文为receiver operating characteristic（受试者工作特征曲线），又称灵敏度曲线（sensitivity curve）。这样命名是因为曲线上各点表示的都是对同一信号刺激的反应，只不过是在多种不同的判定标准下得出的结果。ROC曲线以召回率（TPR）为纵轴，以假正率（FPR）为横轴，把在不同的阈值下获得的坐标点连接起来，从而得到曲线。换句话说，ROC曲线实现了对二分类模型在不同阈值下（0～1）的表现做一个展示，曲线上的每个点都代表一个特定阈值下模型的性能表现（如图3-17所示，虚对角线为基准线）。

通过绘制ROC曲线，我们可以直观地观察到在不同阈值下模型对正例和负例的判断能力。通常情况下，ROC曲线越靠近左上角，表示模型的性能越好，因为它意味着更低的假正率和更高的召回率。

AUC为ROC曲线下的面积，用于比较不同模型ROC曲线的表现，取值范围在0～1之间，0.5表示随机猜测，1表示完美分类器。

下面将使用sklearn中的metrics方法绘制ROC曲线和求解AUC值，结果如图3-18所示。

```python
from sklearn.metrics import plot_roc_curve

# 通常会将训练集和测试集的曲线绘制在一起，以便查看是否存在过拟合的情况
fig, ax = plt.subplots()
# 传入定义好的模型、训练集和测试集，plot_roc_curve 会自动训练并计算阈值从
0到1时模型的TPR和FPR
plot_roc_curve(estimator=lg, X=X_train, y=y_train, ax=ax,
name='Train')
plot_roc_curve(estimator=lg, X=X_test, y=y_test, ax=ax, name='Test')
```

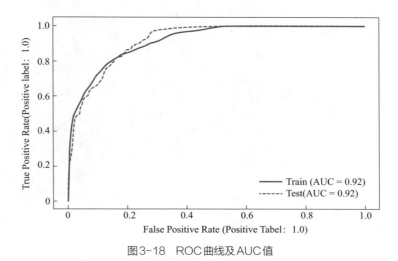

图3-18 ROC曲线及AUC值

　　通常，我们会将测试集和训练集的ROC一并绘制，这样可以更好地查看模型是否存在过拟合的情况。如果训练集的曲线比测试集高不少，说明模型可能过度地适应训练数据集中的噪声和细节，导致在新的未见过的数据（测试集）上表现不佳。

第 **4** 章

决策树实现信贷违约预测

决策树是一种常用的机器学习算法，用于解决分类和回归问题。它基于树状结构进行决策推理，通过一系列规则和条件对数据进行分割和分类。决策树的可解释性很强，能使业务人员清晰地理解决策过程，其原理简单，能适应多种类型的数据，且不需对数据进行过多的预处理。所以，决策树经常在金融领域中使用，特别是在风险控制中，可用于评估借款人的信用风险、识别欺诈行为和检测异常交易等。

4.1　决策树的原理

决策树在日常生活中非常常见，以至于我们经常在无意中忽视它。比如，某日笔者早上睡过头了，出门时已经8:45了，且正在下雨，离9:30上班打卡时间只剩45分钟。若按照平时的通勤方式（电动车+地铁），至少要40分钟，大概率将迟到。所以笔者决定打车去公司，这样便只需要花费25分钟。

上面这个有关决策的思维过程，其实就是一棵决策树（图4-1）。

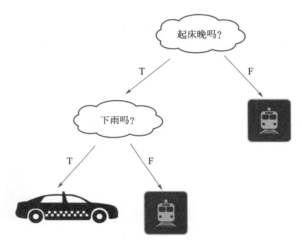

图4-1　思维过程

这棵决策树展示了一个无比日常的做决定的过程，当然，这个过程是基于日常经验总结而来的。决策树的工作原理亦如此：从数据集中挖掘出经验和规律，并形成一棵用于决策的树，当面对一个新的同场景的情况时，只需不停地问问题，就可以得出最后的答案。

4.1.1　节点、分支与深度

决策树的根节点、叶子节点和分支这几个概念非常重要，因为它们是决策树的基本组成部分，对于理解决策树的结构和功能起着关键作用。而分支和深度这两个概念则多用于决策树的优化。

先来看整体示意图（图4-2）。

（1）节点

节点分为根节点和叶子节点，解释如下：

① 根节点：决策树的起始点，它代表了最重要的划分标准（如上例中的是否起晚了）。

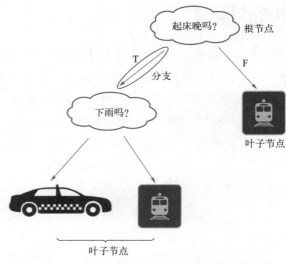

图4-2　决策树组成部分示意

② 叶子节点：决策树的最终输出，也被称为终止节点。当决策树的分支到达叶子节点时，它会给出一个预测结果或一个类别标签（如上例中的打车还是坐地铁）。

通俗解释：类比到普通人的决策过程中，根节点相当于我们在做决策时首先考虑的最重要因素，而叶子节点则代表我们最终做出的决策或判断，它们是基于我们对各个因素的综合评估得出的结论。

（2）分支与深度

① 分支：一个节点到另外一个节点之间的连线称为分支，各个分支组合在一起，形成树状结构。

② 深度：深度指从根节点到叶子节点之间最大的分支数，图4-2这棵树的深度为2。

4.1.2　决策树的分类思想

上个案例为早晨起晚了且天气有雨，所以最终决定打车。在这个案例中，只有"起床时间"和"天气"两个制约因素，孰轻孰重很好判断。笔者只需稍加思索，便可以区分出优先级：起床时间>天气（毕竟起得早的话，哪怕下雨了，也还可以坐地铁）。所以"早晨是否起晚了"作为决策树的根节点，它的子节点是"是否下雨"。

➤ 如果条件变多，且每个条件的可能值也不止两个（是否起晚和是否下雨这两个条件的可能值都只是简单的2），那到底该以什么样的判断标准来选择根节点和子节点？

比如本章的案例为购车者提供信用贷款中，可以作为节点的自变量有很多，即申请人的基本特征、信贷历史和过去的信用表现等，加起来可能有20多个，且许多自变量是连续变量，所以可能值也会成百上千地增加。

为了方便说明，这里用一份只有两个特征，每个特征下只有两个可能值的小数据集（表4-1）来阐述决策树的分类思想。

表4-1　示例数据集（小份）

特征#1	特征#2	目标值	特征#1	特征#2	目标值
1	1	1	0	0	0
1	0	1	0	1	0
1	0	1	0	1	0
1	1	1	0	0	0

到底该选哪个特征作为根节点呢？因为数据集很小，且结构简单，所以这里可以直接进行分类尝试，看看分别以"特征#1"和"特征#2"作为根节点时的分类情况。

图4-3展示了当把"特征#1"作为根节点时，在不同值（0、1）下的目标值数目情况；同理，以"特征#2"作为根节点的分类结果如图4-4所示。

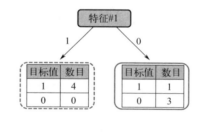

图4-3　以"特征#1"作为根节点的分类结果

将两者并排在一起（图4-5）进行比较，会发现两个特征的可能值为0时，对目标值的分类效果是一样的，但当可能值为1时，"特征#1"的表现明显好于"特征#2"。即当有一个新的点需要被分类时，如果该点特征#1的值为0，则以"特征1"或者"特征2"作为根节点的预测表现大同小异；但当该点特征#1的值为1时，若将"特征2"首先

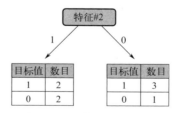

图4-4　以"特征#2"作为
根节点的分类结果

作为根节点进行分类，预测成功的概率比将"特征#1"作为根节点要低很多。

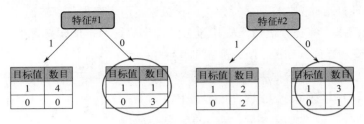

图4-5　根节点的比较

综合来看，以"特征#2"作为根节点时，预测的不确定性比以"特征#1"作为根节点要高。所以，决策树的分类思想可以概括为：选用哪个特征作为节点，取决于该特征是否能在最大程度上减少分类的不确定性。

当特征和它的可能值变多时，再像图4-3那样仅凭人眼观察就不太现实，我们需要引入一些度量不确定性的指标，比如分类错误率、熵（entropy）和基尼系数（Gini coefficient）。

4.1.3　信息熵、条件熵与信息增益

了解信息熵的概念是理解信息增益的基础。不确定性在信息熵中被称为混乱程度，信息熵越高，表明样本越混乱，也越难做出决定。对于一个取有限个值的分类变量t，它的信息熵的计算公式如下：

$$\text{Entropy}(t) = -\sum_{i=1}^{m} p_i \log_2 p_i$$

各字母的解释如下：

①t：随机变量的名称，需要注意的是，这个变量是取有限个值的分类变量。

②m：随机变量t中的水平个数（有限个值的个数）。

③p_i：随机变量t取值为i时的概率。

很多时候我们会引入一些额外的条件来限制该分类变量的不确定性。例如，有一个分类变量叫"流失与否"，取值为0或1，对此我们求解出"流失与否"这个变量的信息熵。现在我们希望加入一些与之相关的、新的变量来减少混乱程度，比如"收入层级"。那么，"流失与否"这个变量便会被"收入层级"的各个水平分割。此时可以计算在"收入层级"各个水平下"流失与否"的信息熵，即引入"收入层级"后"流失与否"的混乱程度，这一指标被称为条件熵，其计算公式如下：

$$\text{Entropy}(t \mid A) = -\sum_{i \in A} p_i \cdot \text{Entropy}(t \mid A = i)$$

各字母含义如下：

①A：引入的变量。

②i：引入变量的水平值。

乍一看公式特别复杂，下面还是以表4-1的数据为例进行讲解，先来看信息熵。

$$\text{Entropy}(t) = -\sum_{i=1}^{m} p_i \log_2 p_i$$

图4-6展示了信息熵和条件熵的求解过程。条件熵的公式较为复杂，可以这样理解："目标值"这个变量被"特征#1"的两个水平分割后，求条件熵 $Entropy$（目标值 | 特征#1）其实就相当于求出两个表格的信息熵后，再乘以"特征#1"取值为各个水平的概率。图4-6中，"特征#1"往左走（1）或者往右走（0）的概率均为 $\frac{4}{8}$，因为目标值的总数为8，每个分支的目标值数目和均为4。

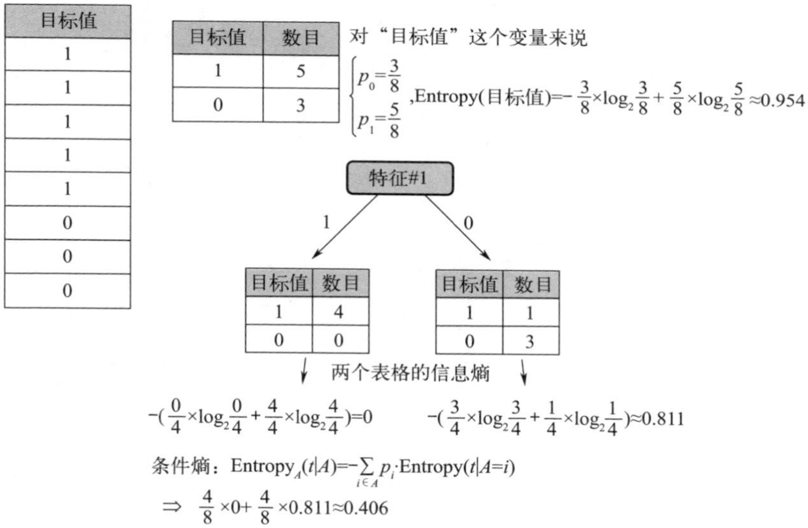

图4-6　信息熵和条件熵的求解示例

决策树的分类思想是：选取能使不确定性减小程度最大的特征作为节点。所以，在计算随机变量 t 的信息熵和加入变量 A 后的条件熵后，需要用原来的信息熵减去条件熵得到信息增益。信息增益代表加入变量 A 后，随机变量 t 的混乱程度的变化，显然，这种变化越大，说明引入的这个变量越好。

信息增益的公式如下所示：

$$\text{Gain}(t \mid A) = \text{Entropy}(t) - \text{Entropy}(t \mid A)$$

对于目标变量"目标值"而言，变量"特征#1"的信息增益为：

$$Gain(特征\#1)=Entropy(目标值)-Entropy_{特征\#1}(目标值)\approx 0.954-0.406=0.548$$

对于目标变量"目标值"而言，变量"特征#2"信息增益的计算过程留给读者自行尝试，这里直接给出结果：$Gain(特征\#2)\approx 0.0485$。

显然，变量"特征值#1"对因变量的信息增益更大，说明在变量"特征值#1"的条件下，因变量的混乱程度下降得更多，即"特征值#1"的重要性更大，应该作为根节点。

值得注意的是，在对同一个目标变量引入不同的自变量时，比较谁的信息增益更大，其实就是在比哪个自变量的信息熵小。因为在目标变量信息熵不变的前提下，引入的自变量信息熵越小，信息增益反倒越大。

4.2 决策树的算法

本节将展示以信息增益为基础的 ID3 和 C4.5 算法的原理和由 Python 实现的方法，完整的示例数据集 AllElectronics.csv 如表 4-2 所示。

```
import pandas as pd
import numpy as np
import matplotlib.pyplot as plt
plt.rc('font', **{'family': 'Microsoft YaHei, SimHei'})
# 设置中文字体的支持
df = pd.read_csv('AllElectronics.csv')
df
```

表4-2 AllElectronics.csv数据集（节选）

age	income	student	credit_rating	buys_computer
1	3	0	1	0
1	3	0	2	0
2	3	0	1	1
3	2	0	1	1

各变量的解释：

- age：年龄层级，1表示'≤30'，2表示'31～40'，3表示'>40'。
- income：收入层级，1表示'low'，2表示'medium'，3表示'high'。
- student：是否为学生，0表示否，1表示是。
- credit_rating：信用等级，1表示中等水平，2表示高水平。
- buys_computer：因变量，是否购买电脑。0表示否，1表示是。

4.2.1　ID3算法与Python实现

ID3算法会根据信息增益来筛选变量，把信息增益最大的变量作为首要变量，并放在决策树的第一层。之后在第一层的节点上，计算各个变量的信息增益，然后筛选出最重要的变量，并将它们放在第二层。接下来的每一层，都会重复这个步骤，直至目标变量的混乱程度降到最低（目标变量在每个叶子节点内的信息熵为0）。但这势必会造成过度拟合，相关的优化方法会在后续章节提及。

机器学习库sklearn已经封装好了决策树的建模方法，直接调用即可。建树前，需要先拆分目标变量和自变量。

```
target = df['buys_computer']   # 目标变量
df = df.loc[:, 'age':'credit_rating']  # 自变量
```

接下来，初始化一个决策树模型，再通过fit方法传入数据进行模型训练。

```
from sklearn.tree import DecisionTreeClassifier

clf = DecisionTreeClassifier(criterion='entropy', max_depth=5,
                             min_samples_split=2, min_samples_leaf=2,
                             random_state=4445)
clf.fit(X=df, y=target)
```

DecisionTreeClassifier中的常用参数解释如下：

- criterion：筛选自变量的指标，entropy表示用信息熵来筛选，自变量的信息熵越小，证明该自变量越重要。
- max_depth：树的深度。
- min_samples_split：分裂一个内部节点需要用来生成该节点的最小样本数。
- min_samples_leaf：每个叶子节点上所需的最小样本数。buys_computer.csv只有14个样本，所以设定得比较小。
- max_leaf_nodes：限制决策树的最大叶子节点数。
- max_features：限制用于寻找最佳分割点的特征数量。
- random_state：随机种子，可以设置为任意正整数。设定后可以重现每次运行的结果。

其中，以min和max开头的参数通常用于限制决策树的生长，避免过拟合的发生。其他参数的说明，可参考官方文档。

4.2.2　可视化决策树（传统和交互）

建树后，可以使用sklearn.tree中的plot_tree方法将决策树以彩图的方式

绘制。

```
import sklearn.tree as tree
fn = ['age', 'income', 'student', 'credit_rating']  # 条件名
cn = ['0-not_buy', '1-buy'] # 行为标签名
fig, axes = plt.subplots(nrows = 1,ncols = 1, figsize = (4,4), dpi=300)
# dpi 表示图片的分辨率
tree.plot_tree(decision_tree = clf,
               feature_names = fn,
               class_names = cn,
               filled = True)
```

这棵满是数字的树该怎么看？首先看分支的延伸方向。满足节点的条件，往左延伸，不满足则往右。以根节点student为例，如果新来的样本满足student类别小于0.5（即student类别为0），就往左下方延伸。

每个节点内的信息解释如下：

- 节点的第一行表示筛选条件，叶子节点则不存在筛选条件。
- entropy：引入自变量的信息熵。
- samples：该节点的样本数。
- value：该列表的第一个数字表示样本中分类为0的个数，第二个数字是分类为1的个数。
- class：该节点的分类。

还是以根节点student为例（图4-7），该节点的信息为"student <=0.5；entropy=0.94；samples=14；value =[5,9]；class 1-buy"，其含义为：如果该样本的变量student的值小于0.5（即为学生），那这棵决策树给出的预测结果是1，即他会购买电脑。

至于准不准，我们可以看列表values，如果只根据这个节点就下定论的话，肯定是不准确的，毕竟有5/(5+9)≈0.36的概率会预测错误。所以，需要继续往下一层走。

图4-7的5个叶子节点中，其中三个的entropy=0，即没有任何的混乱程度。而剩下的两个叶子节点说明：如果有样本点经过这棵决策树时，走到了这些叶子节点才能得出预测结果，那么就有一定的概率会被预测错误，图4-7第三层最右边的叶子节点预测错误的概率为1/(1+2)≈33.3%；最后一层右边的叶子节点预测错误的概率为1/(1+1)=50%。

➤ sklearn绘制出的决策树不怎么美观，且关键信息查看起来比较繁琐，有没有更加方便快捷的决策树可视化方法？

当然有。代码开源网站上，有不少新颖的决策树可视化方法。笔者选了一个操作简洁明了，效果酷炫的方法如下。

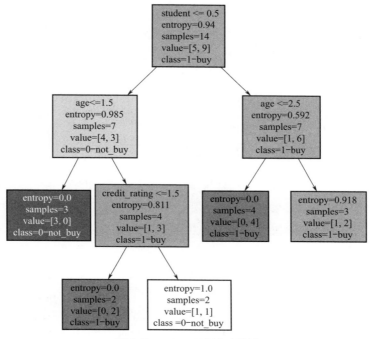

图4-7　sklean可视化决策树

　　首先，需要在anaconda的终端prompt上安装dtreeplot库，只需在终端上键入
pip3 install dtreeplot即可。

　　使用dtreeplot进行可视化的代码和结果（图4-8）如下。

```
# 另外的可视化方法
from dtreeplot import model_plot
model_plot(model=clf, features=df.columns, labels=target, width=1000,
height=400)
```

图4-8　dtreeplot可视化决策树

　　从图4-8中可以看到，dtreeplot省去了一些不必要的信息，比如熵的值，将
每个节点中0和1分类的数值以条形堆叠图的方式展示占比，更加清晰直观。需

要注意的是，使用dtreeplot可视化得出的树的节点条件符号会和传统方法相反（如图4-7中的小于号会变成大于号），阅读顺序也相反，即满足节点的条件，往右延伸，不满足则往左延伸。以图4-8最左边的节点为例，变量student的值">=0.500"时对应的是右边的色块，反之对应左边的色块。右边色块按照"{"中上方的线来延伸，所以"age>=2.500"表示"student>=0.500"的样本中满足"age>=2.500"条件的样本情况。

4.2.3　C4.5算法与Python实现

前几小节讲到，ID3算法会根据信息增益来筛选变量的重要性。这种方法有两个明显的不足：一是输入的变量必须是分类变量，这意味着连续变量里很多有价值的信息没能被充分利用；二是ID3会倾向于选择水平数量较多的变量为更重要的变量，即忽略其他可能具有更好划分能力但水平数量不算多的变量，从而导致过拟合。

这是因为在不考虑其他因素的情况下，具有更多水平（取值个数）的变量可以将数据集划分成更多的子集，每个子集中都可能存在更多的类别或标签，具有更好的判别能力和更高的信息增益。因此，在ID3算法中，具有更多水平的变量往往更有可能被选择作为划分依据。

C4.5算法在继承ID3思路的基础上，将变量筛选的指标由信息增益改为信息增益率，并融入对连续变量的处理方法（能把所有类型的变量都用上）。

（1）信息增益率

信息增益率是在信息熵的基础上，除以引入自变量自身的信息熵。表达式如下：

$$\text{GainRate}(t \mid A) = \frac{\text{Gain}(t \mid A)}{\text{Entropy}(A)}$$

这样一来，当引入自变量的水平过多时，信息增益较大的问题可以通过除以该变量的信息熵得到一定程度上的缓解，毕竟水平多的分类变量信息熵一般也更大（图4-9）。

下面是计算本小节示例数据集中各个变量信息熵代码。

```
# 定义一个计算信息熵的函数
import math
from collections import Counter


def calculate_entropy(data):
    data_length = len(data)
```

```
    counter = Counter(data)
    # 计算信息熵
    entropy = 0.0
    for count in counter.values():
        probability = count / data_length
        entropy -= probability * math.log2(probability)
    return entropy


for i in df.columns.tolist():
    print(f'{i} 的水平分类数为：{df[i].nunique()}，信息熵为：
{round(calculate_entropy(data=df[i]), 4)}')
```

```
age 的水平分类数为：3，信息熵为：1.5774
income 的水平分类数为：3，信息熵为：1.5567
student 的水平分类数为：2，信息熵为：1.0
credit_rating 的水平分类数为：2，信息熵为：0.9852
buys_computer 的水平分类数为：2，信息熵为：0.9403
```

图4-9　buys_computers.csv 中各变量的信息熵

（2）C4.5对连续变量的处理

C4.5对分类变量的处理与ID3类似，这里就不展开叙述了。因为只有分类变量才可以计算信息增益和信息增益率，所以在构建决策树之前，需要对连续变量进行分箱处理（数据分箱的概念可参考配书资源的Pandas数据处理相关内容）。

假设因变量 T 为二分类变量，自变量 X_1 和 X_2 都是连续变量。C4.5会对每个自变量都执行下面的操作。

① 平均等分后分组。

这里假设被平均分成了10份，之后取第1份为单独一组，命名为 b_1，当成因变量；剩下的9份归为一组，命名为 $b_{2\sim10}$，并当成自变量。

② 计算信息增益率。

计算因变量 b_1 的信息增益率，计算表达式为

$$\text{GainRate}(b_1 \mid b_{2\sim10}) = \frac{\text{Gain}(b_1 \mid b_{2\sim10})}{\text{Entropy}(b_{2\sim10})}$$

③ 融合分组，循环对比。

计算完 b_1 的信息增益率后，将 b_1 和 b_2 归为一组，取名 b_{12}，剩下的8份为一组 $b_{3\sim10}$，再次计算信息增益率 $\text{GainRate}(b_{12} \mid b_{3\sim10}) = \dfrac{\text{Gain}(b_{12} \mid b_{3\sim10})}{\text{Entropy}(b_{3\sim10})}$。以此类推，每计算一次，就往后合并一份，一共计算10次信息增益率。然后选择具有最大信

息增益率的分组方式作为该连续变量的最佳分割方式。

C4.5算法会对每个自变量（本例只有X_1和X_2）进行上面的3步操作。

> ➤ 那么问题来了，当自变量有分类变量和连续变量时，C4.5算法会如何选择根节点？

只能处理分类变量的ID3算法会根据信息增益来筛选根节点，如果自变量全是分类变量，C4.5便会根据信息增益率来选择根节点，但现在多了连续变量这个条件后又该如何处理？

上一小节讲到在C4.5算法对连续变量的处理中，会选择具有最大信息增益率的分组方式作为该连续变量的最佳分割方式。而一旦确定了最佳分割点，它便被转化成一个具有两个或多个取值离散的分类变量。对这些离散化后的变量，就可以继续使用信息增益率来选择最佳的根节点（原理同ID3算法）。

（3）Python实现C4.5算法

C4.5算法（ID3算法的改进版本）中使用的是信息增益率作为划分指标，sklearn库的DecisionTreeClassifier函数中没有直接提供该指标的实现（参数criterion的取值没有信息增益率）。这里笔者提供一个包含手写算法的文件夹，只需把它和数据集、代码文件放在同一个文件夹下即可调用（图4-10）。

图4-10　C4.5算法包

示例数据集（图4-11）和调用C4.5算法包的代码如下。

```
import pandas as pd
data = pd.read_csv('weather.csv')
data
```

参数解释如下：

- Humidity：湿度（%）。
- Temp：温度（℃）。
- Decision：是否出去玩（0为否，1为是）。

调用C4.5算法的代码和结果（图4-12）如下。

	Humidity	Temp	Decision
0	85	29	0
1	90	27	0
2	78	28	1
3	96	21	1
4	80	20	1
5	70	18	0
6	65	18	1
7	95	22	0
8	70	21	1
9	80	24	1
10	70	24	1

图4-11　C4.5算法示例数据集

```
# C45函数内部已经包含了各种能够实现决策树算法功能的方法，所以只需传入自变
量名即可
clf = C45(attrNames=data.drop(columns='Decision'))
clf.fit(X=data.drop(columns='Decision'), y=data['Decision'])

# 拟合fit和预测的方法都与sklearn提供的DecisionTreeClassifier很像
print(f'C4.5 算法构建决策树的准确度：{clf.score(X=features,
y=target)}')
clf.printTree()   # 打印决策树
```

```
C4.5 算法构建决策树的准确度：1.0
<?xml version="1.0" ?>
<DecisionTree>
        <Temp value="29.0" flag="1" p="0.909">
                <Humidity value="90.0" flag="1" p="0.7">
                        <Temp value="20.0" flag="1" p="0.286">
                                <Humidity value="70.0" flag="1" p="0.5">1</Humidity>
                                <Humidity value="70.0" flag="r" p="0.5">0</Humidity>
                        </Temp>
                        <Temp value="20.0" flag="r" p="0.714">1</Temp>
                </Humidity>
                <Humidity value="90.0" flag="r" p="0.3">
                        <Humidity value="96.0" flag="1" p="0.667">0</Humidity>
                        <Humidity value="96.0" flag="r" p="0.333">1</Humidity>
                </Humidity>
        </Temp>
        <Temp value="29.0" flag="r" p="0.091">0</Temp>
</DecisionTree>
```

图4-12　C4.5算法包展示建树过程

图4-12显示，C4.5构建的决策树能完全将这个小样本数据集中的每个个体都
精准地预测出来，而它的可视化方式与我们想象中的略有不同，它以超文本标记
语言html的形式展示，以便嵌入到
各种网页中。解读方法如下：

① 每一个<></>表示一个节的
节点叶子，由外到内层层嵌套。

② 节点中的value表示筛选条
件，flag表示分支方向（l——左；
r——右），p为信息增益率。

③ <>和</>之间的数字表示预
测值，即叶子节点。

所以，将图4-12的html格式转
换为方便人眼观察形式的决策树，
可得图4-13。

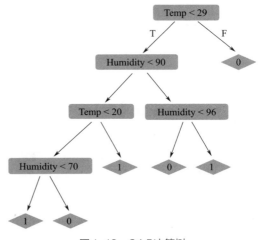

图4-13　C4.5决策树

4.2.4　CART算法建树原理

尽管C4.5算法在过去被广泛使用，但它在当前机器学习领域中并不是最常用的算法之一。因为信息增益率涉及大量的对数运算，这导致C4.5的算法复杂度过高，所以sklearn库提供了复杂度低且更常用的CART算法。

CART和C4.5最大的不同之一是它们在特征选择时使用的准则不同。C4.5使用的是信息增益率，CART则是基尼系数。基尼系数是用来衡量决策树节点不纯度的指标。在构建决策树时，应计算每个特征分裂点的基尼系数，并选择基尼系数最小的特征作为根节点，这样可以使得子节点的不纯度最小化，从而提高决策树的分类准确性。

基尼系数的计算步骤如下：

① 对于一个特征D，假设有K个类别（取值水平），其中第i个类别的样本占比为p_i。

② 基尼系数 $\text{Gini}(D)$ 定义为1减去所有类别样本占比的平方和，即 $\text{Gini}(D) = 1 - \sum_{k=1}^{K} p_i^2$ 。

基尼系数的取值范围是从0到1，越接近0，节点的不纯度就越低（越接近0，说明p_i越大，即这个特征的取值水平几乎都属于同一个类别）。

③ 上面的两个步骤是计算单个特征的基尼系数。这时如果我们根据另一个特征A的某个值a（比如"年龄段"这个特征的某个值"30"），把D切分成D_1和D_2两部分，则在特征A的条件下，D的基尼系数表达式为

$$\text{Gini}(D, A) = \frac{|D_1|}{|D|}\text{Gini}(D_1) + \frac{|D_2|}{|D|}\text{Gini}(D_2)$$

这样就可完成一个节点的划分。然后可以继续对子节点进行相同的操作，直到满足停止条件，构建出完整的决策树模型。

下面通过一个实例辅助理解CART算法是如何利用基尼系数实现节点的选择与划分的。

假设我们有以下的一个小数据集（表4-3），特征包括年龄（连续变量）和购买历史（分类变量），标签为最终是否购买产品。

表4-3　CART算法示例数据集

年龄	购买历史	是否购买	年龄	购买历史	是否购买
20	无	是	35	无	是
25	有	否	40	无	否
30	有	否	45	有	是

首先，对于分类变量"购买历史"，可以按照不同的取值水平（有和无）进行划分。

对于购买历史为有的子集：

① 有3个样本，其中1个购买，2个不购买。

② 计算该子集的基尼系数为 $\mathrm{Gini}(购买历史=有)=1-\left[\left(\dfrac{1}{3}\right)^2+\left(\dfrac{2}{3}\right)^2\right]\approx 0.44$。

对于购买历史为无的子集：

① 有3个样本，其中2个购买，1个不购买。

② 计算该子集的基尼系数为 $\mathrm{Gini}(购买历史=无)=1-\left[\left(\dfrac{2}{3}\right)^2+\left(\dfrac{1}{3}\right)^2\right]\approx 0.44$。

然后，对于连续变量"年龄"，需要选择一个划分点。为了方便演示，我们选择将数据集按年龄小于等于30和大于30进行划分（划分点越多，算法就越复杂）。

对于年龄小于等于30的子集：

① 有3个样本，其中1个购买，2个不购买。

② 计算该子集的基尼系数为 $\mathrm{Gini}(年龄\leqslant 30)=1-\left[\left(\dfrac{1}{3}\right)^2+\left(\dfrac{2}{3}\right)^2\right]\approx 0.44$。

对于年龄大于30的子集：

① 有3个样本，其中2个购买，1个不购买。

② 计算该子集的基尼系数为 $\mathrm{Gini}(年龄> 30)=1-\left[\left(\dfrac{2}{3}\right)^2+\left(\dfrac{1}{3}\right)^2\right]\approx 0.44$。

最后，还需要计算划分点的加权基尼系数，即公式 $\mathrm{Gini}(D,A)=\dfrac{|D_1|}{|D|}\mathrm{Gini}(D_1)+\dfrac{|D_2|}{|D|}\mathrm{Gini}(D_2)$ 中的 $\dfrac{|D_1|}{|D|}$ 和 $\dfrac{|D_2|}{|D|}$（这里分类变量和连续变量的划分点刚好都是只有1个，否则还会有 $\dfrac{|D_3|}{|D|}$、$\dfrac{|D_4|}{|D|}$）。我们可以根据子集的样本数量比例来计算加权基尼系数。

对于划分点购买历史为有和无：

① 有3个样本满足购买历史为有，占总样本的3/6。

② 有3个样本满足购买历史为无，占总样本的3/6。

③ 计算划分点的加权基尼系数为

$$\mathrm{Gini}(是否购买，购买历史)=\frac{3}{6}\times\mathrm{Gini}(购买历史=有)+\frac{3}{6}\times\mathrm{Gini}(购买历史=无)$$
$$\approx 0.444$$

对于划分点年龄小于等于30和大于30：

① 有3个样本满足年龄小于等于30，占总样本的3/6。

② 有3个样本满足年龄大于30，占总样本的3/6。

③ 计算划分点的加权基尼系数为

$$\text{Gini}(是否购买，年龄 \leqslant 30/ > 30) = \frac{3}{6} \times \text{Gini}(年龄 \leqslant 30) + \frac{3}{6} \times \text{Gini}(年龄 > 30)$$
$$\approx 0.444$$

最后，通过比较不同划分点的加权基尼系数，选择基尼系数最小的划分点作为节点划分的依据。假设本例中决策树的最大深度被提前设置成2层，即只有一个根节点，没有子节点（如果层数超过2，那么还要重新对划分后的节点进行计算）。因为购买历史和年龄（人为进行了分级，连续变量被转换为分类变量）的加权基尼系数相等，所以任选一个作为根节点即可，这里选择年龄，以文字和符号的形式绘制出的决策树如下：

```
         根节点 (年龄 <= 30)
         ├—— 是
         │    └—— 不购买产品
         ├—— 否
              └—— 购买产品
```

需要注意的是，这只是一个简单示例。实际情况中决策树的结构和深度会受数据集和特征的复杂性影响而有所不同。

代码构建CART决策树时，只需要将DecisionTreeClassifier()中的参数criterion设置成'gini'即可，非常方便。

4.3 决策树实现信贷违约预测的具体代码

本节使用汽车违约贷款数据集accepts.csv进行代码演示。首先导入工具包和读入数据。

```
import pandas as pd
import numpy as np
import seaborn as sns
import matplotlib.pyplot as plt
df = pd.read_csv('accepts.csv')
```

各个变量的简要说明如表4-4所示。

表4-4　变量说明

名称	中文释义	名称	中文释义
application_id	贷款申请人id	vehicle_make	汽车制造商
account_number	账户号	bankruptcy_ind	曾经是否破产
bad_ind	是否违约	tot_derog	五年内信用不良事件数量（比如信用卡逾期还款）
vehicle_year	汽车购买时间		

续表

名称	中文释义	名称	中文释义
tot_tr	银行账户总数	fico_score	个人信用打分（fico分数）
age_oldest_tr	最久账号存续时间（月）	purch_price	汽车购买金额（元）
tot_open_tr	在使用账户数量	msrp	汽车建议售价
tot_rev_tr	在使用可循环贷款账户数量（如信用卡）	down_pyt	分期付款的首次交款金额
		loan_term	贷款期限（月）
tot_rev_debt	在使用可循环贷款账户余额（如信用卡欠款）	loan_amt	贷款金额
		ltv	（贷款金额/建议售价）×100
tot_rev_line	可循环贷款账户限额（信用卡授权额度）	tot_income	月均收入（元）
		veh_mileage	行驶里程（mile）
rev_util	可循环贷款账户使用比例（余额/限额）	used_ind	是否为二手车

其中，是否违约bad_ind为二分类因变量（0——履约；1——违约）。

从数据集中提取自变量和因变量，这里我们将一些意义不大的自变量剔除。

```
target = df['bad_ind']
data = df.loc[:, 'bankruptcy_ind': 'used_ind']

# 剔除申请人id、账户号码、汽车购买时间和汽车制造商等意义不大的自变量
from sklearn.model_selection import train_test_split
X_train, X_test, y_train, y_test = train_test_split(data, target,
test_size=0.33, random_state=42)
```

这里先建立一棵基本的决策树，后面再加入调优方法。

```
from sklearn.tree import DecisionTreeClassifier
clf=DecisionTreeClassifier(criterion='gini',
                           max_depth=3,random_state=1234)
# criterion='gini' 说明使用基尼系数作为树的生长判断依据
clf.fit(X=X_train, y=y_train)
print(f'决策树的深度：{clf.tree_.max_depth},
      叶子节点数：{clf.tree_.n_leaves}')
# 输出：决策树的深度：3，叶子节点数：8
```

训练决策树后，输出评估报告来查看模型的表现。

```
# metrics 输出分类报告
import sklearn.metrics as metrics
print(metrics.classification_report(y_true=y_test,
```

```
                                         y_pred=clf.predict(X_test)))
```

图4-14中显示，模型的平均召回率（recall）有0.8，似乎还不错。但对于因
变量为1（违约）的数据，召回率仅为0.01。也就是说，在所有违约的用户中，
模型只能识别出其中的1%，这说明模型识别违约用户的能力严重不足。实际上
1个违约用户带来的损失远远超过1个履约用户带来的收益，所以模型优化势在
必行。

	precision	recall	f1-score	support
0.0	0.80	1.00	0.89	2161
1.0	0.88	0.01	0.03	549
accuracy			0.80	2710
macro avg	0.84	0.51	0.46	2710
weighted avg	0.81	0.80	0.71	2710

图4-14　决策树模型评估报告

图4-14右上角的support反映因变量中0、1分类的占比，可以看出数据的分
布并不平衡，0分类∶1分类≈4∶1。这样一来，分类模型可能会从多数类中学习
到更多的规律和特征，从而在预测时更"偏袒"它，即模型更容易把样本归类为
多数类。有关不平衡数据处理的方法会在后面章节详细介绍，这里先提供一个简
单粗暴的方法：权重设置，突出少数类。

以下设置违约样本的权重为不违约样本的三倍，可以理解成：如果模型预测
错一个样本，其损失（或代价）被认为是误分类了三个多数类样本的损失。代码
如下。

```
# 权重法优化
clf = DecisionTreeClassifier(class_weight={0:1, 1:3},
criterion='gini', max_depth=3, random_state=1234)
clf.fit(X=X_train, y=y_train)
print(metrics.classification_report(y_true=y_test,
                                    y_pred=clf.predict(X_test)))
```

在定义决策树分类器时，传入参数class_weight={0:1, 1:3}，字典中的key是
因变量bad_ind的取值，value是权重。重新训练的结果如图4-15所示。

	precision	recall	f1-score	support
0.0	0.91	0.60	0.73	2161
1.0	0.33	0.77	0.46	549
accuracy			0.64	2710
macro avg	0.62	0.69	0.59	2710
weighted avg	0.79	0.64	0.67	2710

图4-15　调整权重后的预测结果

由图4-15可以看到，重新训练后对违约用户的识别率提高了不少，recall达到了0.77，即可以识别出77%的违约用户。

分类过程的可视化如图4-16所示，可以看到，最重要的自变量是fico_score，其次是total_rev_line和ltv。在这个决策树模型中，多数变量并未被使用。

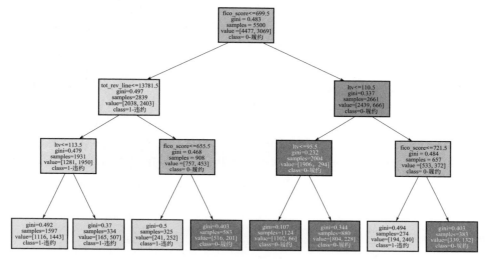

图4-16　决策树预测违约可视化

4.3.1　网格搜索调优

sklearn库中的每个算法函数都包含了非常多的参数，关键参数的调整对模型的表现起着关键的影响。一般来说，要想得到最优模型，仅调节单一参数是远远不够的，需要对各个参数的各种取值情况进行排列组合，才能找到使模型表现最好的参数组合。sklearn提供的网格搜索函数GridSearchCV可以便捷地实现这一需求，并自动保存最优的参数组合。

代码示例如下。

```
from sklearn.model_selection import GridSearchCV
# 下面的各个参数的潜在数值也只是一种尝试，具体还得结合实际业务场景
param_grid = {
    'criterion': ['entropy', 'gini'],
    'max_depth': [None, ],
    'max_leaf_nodes':[5,6,7,8,9,10],
    'class_weight': [ {0:1, 1:2}, {0:1, 1:3} ]
}
clf = DecisionTreeClassifier()  # 不必着急传参数
```

```
clfcv = GridSearchCV(estimator=clf, param_grid=param_grid,
                     scoring='roc_auc', cv=5)
clfcv.fit(X_train, y_train)
"""
```
网格搜索训练决策树模型的输出信息如下：
```
GridSearchCV(cv=5, estimator=DecisionTreeClassifier(),
             param_grid={'class_weight': [{0: 1, 1: 2}, {0: 1, 1: 3}],
                         'criterion': ['entropy', 'gini'],
                         'max_depth': [None],
                         'max_leaf_nodes': [5, 6, 7, 8, 9, 10]},
scoring='roc_auc')
"""
```

GridSearchCV中各参数释义如下：

- cv：交叉验证次数。cv=k表示将训练集拆成大小相等的k份，其中一份用于验证，剩下$k-1$份用来训练。这个过程会重复k次，每次使用不同的子集作为测试集，最后对结果进行平均（图4-17）。

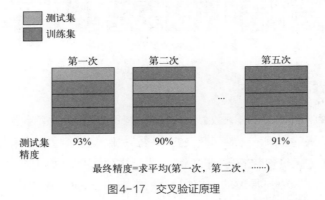

图4-17　交叉验证原理

- estimator：定义好的模型，可以不必着急往里传参数。
- scoring：每次交叉验证的时候采用的评估指标。
- param_grid：参数网格，里面包含每个参数的可能取值情况。

定义好基础的树模型clf和网格搜索clfcv后，拟合数据时需要等待一会，因为param_grid中的参数组合数量为2(class_weight)×2(criterion)×1(max_depth)×6(max_leaf_nodes)=24种，再加上cv=5，即每种组合都要建模5次，所以总共会建模5×24=120次，需要一定的训练时间。

GridSearchCV训练后返回的是采用最优参数训练所有训练集后的决策树模型，下面打印出这个"最优"模型（图4-18）的评估报告。

```
print(metrics.classification_report(y_true=y_test,
                                     y_pred=clfcv.predict(X_test)))
```

```
              precision    recall  f1-score   support

         0.0       0.88      0.74      0.81      2161
         1.0       0.38      0.61      0.47       549

    accuracy                           0.72      2710
   macro avg       0.63      0.68      0.64      2710
weighted avg       0.78      0.72      0.74      2710
```

图4-18　网格搜索后的"最优"模型

与图4-15对比可以发现，经过网格搜索优化后的模型在多数类和少数类的预测表现（weighted avg）上更加综合。决策树在网格空间中的最优参数组合如下。

```
clfcv.best_params_
"""{'class_weight': {0: 1, 1: 3},
 'criterion': 'gini',
 'max_depth': None,
 'max_leaf_nodes': 10}"""
```

最终，最优参数组合为：类权重比为1∶3；树节点的筛选指标为基尼系数；树的最大深度不限制，最大叶子节点数量为10个。

有了"最优"决策树，便可以计算模型在不同阈值下的召回率和假正率，并绘制ROC曲线和计算AUC值。

```
from sklearn.metrics import plot_roc_curve
# 通常会将训练集和测试集的曲线绘制在一起，以便查看是否存在过拟合的情况
fig, ax = plt.subplots()
plot_roc_curve(estimator=clfcv,X=X_train,y=y_train,ax=ax,name='Train')
plot_roc_curve(estimator=clfcv,X=X_test,y=y_test,ax=ax,name='Test')
```

由图4-19可以看到，训练集的ROC曲线（上方）和测试集的ROC曲线（下方）贴得很近，说明模型不存在过拟合。训练集和测试集的AUC分别为0.78和0.75。

4.3.2　优化决策边界

➤ 经过网格搜索的模型就一定是最优模型吗？换句话说，网格搜索后给出的参数组合就一定是最好的吗？

当然，从实际业务需求和数据集特征的角度来看，肯定还存在不少值得优化的地方。这里笔者提供一个比较简单粗暴的初步分析方法：看每个参数是否都在其边界上。

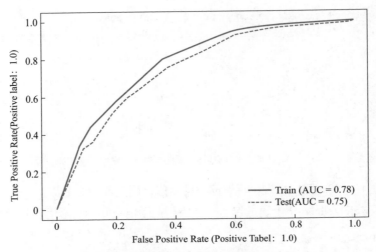

图4-19　决策树模型的ROC曲线和AUC值

对比"最优"参数组合与原始网格参数（图4-20），会发现参数class_weight和max_leaf_nodes的值恰巧落在了原始参数组合中对应参数的上界上。那么，会不会是这个边界限制了模型的发挥？

```
param_grid = {
    'criterion': ['entropy', 'gini'],
    'max_depth': [None, ],
    'max_leaf_nodes':[5, 6, 7, 8, 9, 10],
    'class_weight': [ {0:1, 1:2}, {0:1, 1:3} ]
}
```

```
{'class_weight': {0: 1, 1: 3},
 'criterion': 'gini',
 'max_depth': None,
 'max_leaf_nodes': 10}
```

原始参数组合　　　　　　　　　　　"最优"参数组合

图4-20　"最优"参数组合与原始网格参数的对比

下面我们把原始参数组合中这两个参数的范围再扩大一些，网格搜索选出最优参数组合后再次建树。

```
param_grid = {
    'criterion': ['gini'],
    'max_depth': [None, ],
    'max_leaf_nodes':[10,11,12,13,14,15],   # 直接从 10 开始
    'class_weight': [ {0:1,1:3}, {0:1,1:4}, {0:1,1:5} ]
}
clf = DecisionTreeClassifier()
clfcv = GridSearchCV(estimator=clf, param_grid=param_grid,
                     scoring='roc_auc', cv=5)
clfcv.fit(X_train, y_train)
```

```
print(metrics.classification_report(y_true=y_test,
                                    y_pred=clfcv.predict(X_test)))
clfcv.best_params_
```

对比图4-21和图4-20会发现，参数class_weight的0∶1选择停在了1∶4上，在新的边界1∶3和1∶5之间，意味着这个比例大概率已经十分适合。尽管max_leaf_nodes依然在上界上，但也没有必要一味地增加叶子节点数，这可能会导致模型复杂度过高和过拟合的现象（每个叶子节点代表一种情况的预测，模型可能会过度学习训练数据集中的噪声和细节），同时也使模型更难解释（叶子节点过多，树的结构混乱，难以从中获取清晰的逻辑）。

```
              precision    recall  f1-score   support

         0.0       0.91      0.63      0.74      2161
         1.0       0.34      0.75      0.47       549          {'class_weight': {0: 1, 1: 4},
                                                                'criterion': 'gini',
    accuracy                           0.65      2710          'max_depth': None,
   macro avg       0.62      0.69      0.60      2710          'max_leaf_nodes': 15}
weighted avg       0.79      0.65      0.69      2710
```

图4-21 更改决策边界后的决策树表现

另外，将图4-21和图4-18进行对比，发现优化决策边界后的少数类（1.0）的recall要更高，从0.61上升至0.75；但precision的值却下降了；f1-score的值没有改变。至于应该更看重哪个指标，应以实际业务需求为准。

第 **5** 章

随机森林预测宽带订阅用户离网

"Many Heads Are Better Than One: Making The Case For Ensemble Learning（多智胜一智：为集成学习提供了理由）"。Jay Budzik的这句格言被广泛使用在机器学习和数据科学领域，揭示了集成学习相较于单个算法模型的优势：汇聚多个模型的智慧通常会涵盖更多的信息和知识，从而产生更准确的预测结果。

本章在介绍集成学习的原理后，将使用其中的一个分支——随机森林来预测宽带订阅用户的离网（流失）情况。案例数据集如图5-1所示，其读入代码如下。

```
import pandas as pd
import numpy as np

df = pd.read_csv('broadband.csv')
df.head()
```

CUST_ID	GENDER	AGE	TENURE	CHANNEL	AUTOPAY	ARPB_3M	CALL_PARTY_CNT	DAY_MOU	AFTERNOON_MOU	NIGHT_MOU	AVG_CALL_LENGTH	BROADBAND
63	1	34	27	2	0	203	0	0	0	0	3.04	1
64	0	62	58	1	0	360	0	0	1910	0	3.3	1
65	1	39	55	3	0	304	0	437.2	200.3	0	4.92	0
66	1	39	55	3	0	304	0	437.2	182.8	0	4.92	0
67	1	39	55	3	0	304	0	437.2	214.5	0	4.92	0

图5-1 宽带订阅用户数据集（部分）

字段含义如表5-1所示。

表5-1 宽带订阅用户数据集字段含义

字段名称	中文含义	字段名称	中文含义
CUST_ID	客户ID	CALL_PARTY_CNT	通话次数
GENDER	性别	DAY_MOU	白天通话时长
AGE	年龄	AFTERNOON_MOU	下午通话时长
TENURE	服务期限	NIGHT_MOU	晚上通话时长
CHANNEL	渠道	AVG_CALL_LENGTH	平均通话时长
AUTOPAY	自动付款	BROADBAND	宽带（因变量）
ARPB_3M	过去3个月平均每用户收入		

5.1 集成学习简介

先前章节讲到，模型评估时常会出现两种情况：欠拟合和过拟合。评判标准在于模型是否过度适应训练数据集。

① 欠拟合：模型在训练集上的预测精度不高，无法捕捉到数据复杂性和特征之间的关系，通常我们称这类模型为弱学习器。

② 过拟合：模型在训练集上的预测精度很高，但由于模型的表现力过于复杂，所以无法很好地应用在新的数据集上，即泛化能力差，我们一般称这类模型为强学习器。

强学习器和弱学习器就好比生活中能力强的人和能力一般的人。对于能力强的人，我们不希望他们的决策过于自信和武断，希望他们能多听取另外一些能力相当的人的建议后再做决定。而对于能力一般的人，我们往往建议他们能够群策群力，以便将每个人自己独特的优势发挥出来，达到一个整体的提升。

集成学习的思想就来源于这种生活经验：对强学习器采用预测值投票的方式，从而提高模型整体的稳定性和泛化能力；对于弱学习器，采取迭代训练的方式，将其组合成预测能力强且兼具一定泛化能力的新模型。

5.1.1　概述：Bagging与Boosting

集成学习（ensemble learning）是一种机器学习框架。它通过结合多个单一分类器或回归器的预测结果来进行决策，以提高整体模型的性能和泛化能力。框架中每一个单一的模型也被称为基模型，每个被训练出来的基模型解决的都是同一个问题。

集成学习主要可分为以下两种类型：

① Bagging算法（简称Bagging）：装袋法。袋子中有多个基模型，每个都是相同的强学习器，最终的预测结果由各个基模型等权重投票产生，是一种并行的训练结构（图5-2）。需要注意的是，每个基模型的训练数据并不是整个训练集，而是用"对训练集进行有放回抽样产生的随机子集"来进行训练。

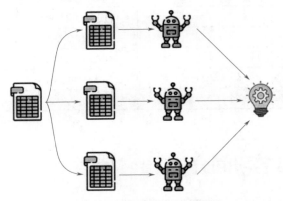

图5-2　Bagging的并行训练结构

② Boosting算法（简称Boosting）：提升法。选用相同的弱学习器作为基模型，按顺序依次进行训练，每次训练时都应调整样本的权重来强化前一个模型预测错误的数据，以逐步修正先前基模型的误差（图5-3）。在每个基模型训练完成后，应根据它的表现来分配一个权重，这个权重代表该模型在最终预测中的贡献。最后将所有基模型的预测结果加权求和，以产生最终的预测结果。所以，最终预测的结果会通过基模型的线性组合来产生，这是一种串行的训练结构。

本章将有针对性地讲解Bagging与由Bagging改进而来的随机森林。

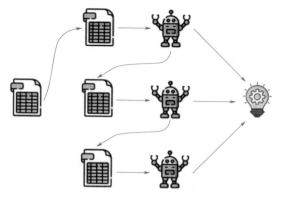

图5-3 Boosting的串行训练结构

5.1.2 Bagging原理与Python实现

顾名思义，Bagging将多个模型装入同一个袋子后，会让这个袋子作为一个新的模型来实现预测需求。换句话说，即把多个小模型组合起来形成一个新的大模型，大模型最终给出的预测结果是由这多个小模型综合决定的，决定方式为少数服从多数。图5-4为Bagging的示意图。

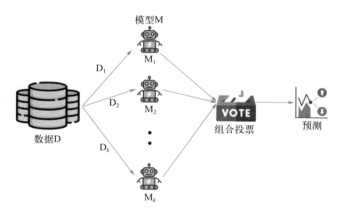

图5-4 Bagging示意图

Bagging的过程是：

① 从样本集中有放回地抽样（抽一个，放回一个），抽样k次，得到k个样本（图5-4中的D_1，D_2，$\cdots$，D_k）。

② 对这k个样本建立k个模型（CART、逻辑回归等，图5-4中的M_1，M_2，$\cdots$，M_k）。

③ 将测试数据集放在这k个模型上。这样，测试集的每一个样本会得到k个预测值，最后对预测的结果按相同的权重进行加总，来决定样本属于哪一类。

假设有10万条训练数据，有放回抽样产生了10个样本，用这些样本来做十棵决策树后，将它们装进了同一个袋子中。这时从测试集中取一条数据放入这个袋子，便会得出10个预测值（每棵树各一个）。假如其中三棵树给出的预测值为0，剩余的七棵给出的为1，那么这个袋子对这条数据预测结果为1的概率是7/10。

➢   袋子中的每个模型使用的样本量范围应为多少合适？

如果是上面的例子，袋子里面有10棵树，训练数据量为10万条，则每棵树取用样本量的最小值是1万个(10万/10棵＝1万/棵)，因为至少要保证不能浪费样本。但每棵树最多可取用多少样本呢？

其实在样本量已知，同一袋子中模型个数为k的情况下，样本的选择比例为$1/k \sim 0.8$最好。每个模型取用100%的样本是没有意义的，毕竟这就跟没有重抽样是一样的，只是简单地建模了10次，并没有体现出装袋法的优势。只有每个模型用到的数据都有一定的不同，组合起来后的每个投票（预测结果）也才有意义。

➢   袋中模型之间的相关性会影响最后的决策结果吗？

装袋法思路最重要的一点：袋子中每个模型之间的相关性越低越好，这里的不相关性主要体现在用于训练每个模型的样本不一样。其次，每个模型的精度越高越好，这样它的投票才更有价值。

训练模型的样本不一样这一点可以理解为总统选举，即抽10波选民来投票，这10波选民的差异性越大越好，这样一来，只有在选民千差万别的情况下依然脱颖而出，才足以证明候选者的实力。如果这10波选民中每一波之间的差异性都很小，比如都是本来就偏袒总统候选人，那投票结果的说服力就会大减。

➢   上一个问题说到袋中每个模型的精度越高越好，如果每个模型的精度高到都过度拟合了呢？

袋子中每个模型哪怕是过度拟合也没有关系。因为Bagging算法使用的是重采样的方法，即从训练集中随机抽取一定数量的样本，并使用这些样本训练不同的基模型。由于每个基模型使用的训练数据都是随机抽取的子集，因此它们之间的差异性就较大，每个基模型过拟合的风险会自动降低。而且，过拟合只是对袋子中每个模型而言的，最后都会被加权，所以整个袋子（大模型）并不会出现过度拟合的情况。

下面使用sklearn中ensemble模块的BaggingClassifier方法来实现袋装法，数据集为图5-1的宽带订阅用户df。

```
from sklearn.ensemble import BaggingClassifier
```

```
from sklearn.model_selection import train_test_split
from sklearn.metrics import accuracy_score
# 拆分数据集
y = df['BROADBAND']
X = df.drop(columns=['CUST_ID', 'BROADBAND'])
X_train, X_test, y_train, y_test = train_test_split(X, y,
test_size=0.3, random_state=42)


# 定义并拟合bagging分类器
bgc = BaggingClassifier(n_estimators=10, max_samples=0.8)
bgc.fit(X=X_train, y=y_train)


y_pred = bgc.predict(X_test)   # 预测测试集
accuracy = accuracy_score(y_test, y_pred)   # 计算准确率
print("Bagging准确率：", accuracy)
>>> Bagging准确率：0.8656716417910447
```

BaggingClassifier中常用的参数及解释如表5-2所示。

表5-2　BaggingClassifier的常用参数

参数名	参数含义
base_estimator	基分类器
n_estimators	基分类器的数量
max_samples	每个基分类器使用的样本数（0～1）
max_features	每个基分类器使用的特征数（0～1）
bootstrap	是否进行自助采样
bootstrap_features	是否进行特征自助采样
random_state	随机数种子

BaggingClassifier默认使用决策树作为基模型，通过更改base_estimator可实现自定义基模型，下面将基模型改为逻辑回归。

```
# 基模型为逻辑回归
from sklearn.linear_model import LogisticRegression
base_model = LogisticRegression()
lg_bgc = BaggingClassifier(base_estimator=base_model,
                n_estimators=5, max_samples=0.8, max_features=0.8)
# max_samples=0.8，随机抽取训练集中80%的样本来训练每个基模型
# max_features=0.8，从随机抽取的样本中，随机保留80%的特征来训练基模型
lg_bgc.fit(X_train, y_train)
```

```
y_pred = lg_bgc.predict(X_test)  # 预测测试集
accuracy = accuracy_score(y_test, y_pred)  # 计算准确率
print("基模型为逻辑回归时，Bagging准确率：", accuracy)
```

```
>>> 基模型为逻辑回归时，Bagging准确率：0.8417910447761194
```

max_samples和max_features这两个参数的设置可以控制基分类器的多样性：如果两者的值都比较小，那么每个基分类器使用的数据和特征将更加随机，从而增加基分类器之间的差异性，提高模型的泛化能力。而如果它们的值都较大，那么每个基分类器之间的差异性将变小，模型的泛化能力可能会降低。因此，实践中我们常通过交叉验证等方法来确定这些参数的最佳取值。

```
from sklearn.model_selection import GridSearchCV

# 定义BaggingClassifier模型
model = BaggingClassifier()

# 定义参数网格
param_grid = {
    "max_samples": [0.6, 0.7, 0.8, 0.9],
    "max_features": [0.6, 0.7, 0.8, 0.9]
}

# 使用网格搜索和交叉验证寻找最佳参数
grid = GridSearchCV(model, param_grid=param_grid, cv=5)
grid.fit(X=X_train, y=y_train)

# 输出最佳参数和得分
print("Best params: ", grid.best_params_)
print("Best score: ", grid.best_score_)
```

```
>>> Best params:  {'max_features': 0.9, 'max_samples': 0.9}
>>> Best score:  0.8883126550868485
```

5.2 随机森林的原理

随机森林（random forest）是一种基于Bagging算法的改进，它的基模型都是决策树。严格来说，实现步骤其实只有一个不同，就是在数据重采样的时候，随机森林不仅在样本选择上具有随机性，在特征选择上也具有随机性（即在训练

数据的列上也会进行随机抽样）。

➤ **BaggingClassifier的参数max_features不是也可以设置随机抽取一定比例的特征吗，这与随机森林的特征选择有什么不同？**

确实，Bagging中可以通过设置max_features参数来实现特征选择的随机性，从而增加模型的多样性。但这个参数会同时作用在所有基模型上，假设max_features=0.8，那么每一份用来训练基模型的数据集的特征比例（与原训练数据的所有特征相比）就都是这个固定值0.8。而随机森林在数据重采样时的特征选择将更加随机，可能某几棵树的特征占比是0.2，另外几棵是0.35，剩下的是0.6，又或者每棵树都不一样。

➤ **为什么随机森林在特征选择上会有这样的特点？**

概括来说，随机森林"在样本选择和特征选择上都具有随机性"的特点非常适合那些随机缺失值较多的数据集，比如如表5-3所示的领域。

表5-3 随机森林常用领域

领域	场景	用途	数据缺失值较多的原因
金融	信贷违约预测	通过客户的历史信用记录、财务状况和个人信息，预测客户是否会违约，帮助银行降低风险和损失	客户隐私保护、数据来源分散、数据质量问题等
医疗	疾病诊断	根据患者的病史、体检数据、基因信息等，预测患者是否患有某些疾病，辅助医生做出诊断和治疗方案	医学检查的局限性、数据记录不完整、数据来源多样等
电商	用户购买行为预测	根据用户的历史购买记录、浏览行为、个人信息等，预测用户是否会购买某些商品，帮助电商公司推荐商品和促进销售	用户隐私保护、数据来源分散、数据质量问题等

以表5-3中的金融领域为例，与银行客户信贷违约预测相关的数据通常都包含大量的缺失值。这是因为金融数据涉及的信息非常复杂，包括个人基本信息、职业、收入、负债情况等多个方面，而这些信息往往是由不同的部门或系统记录，数据质量和完整性难以保证。此外，客户也可能会故意隐瞒一些信息，或者部分信息可能不适合公开披露，这也会导致数据的缺失和随机性。

下面将模拟一个实际的业务场景，来自某城市商业银行。我们有一个电子表格存着大量的历史数据，大概50多个变量（50多列），变量来自几个不同的公司，即××银行、××电信等（同一个客户在不同机构的个人信息和行为数据拼接起来），最后希望预测的是该客户是否会违约。电子表格组成如图5-5所示。

刚刚已经提到，与银行有关的数据中往往会存在较多的随机缺失。以图5-5中的数据为例，通常情况下只有待预测的变量这一列的数据是齐全的，毕竟客户们是否违约这个行为的历史数据很容易查找，但右侧这两个方框内数据的缺失值往往较多，而且十分随机，具体随机程度参见图5-6。

	A	B	C	D	E
1	Y-违约	$X_1 \sim X_k$	$X_{k+1} \sim X_{2k}$	......	
2		0			
3	待预测的变量	0			
4		1	银行数据	电信数据	
5		0			
6		0			
7		1			
8		0			
9		1			
10					

图5-5　某城市商业银行客户数据

Y-违约	X_1	X_2	X_3	X_4	X_5
0	xxxx			xxxx	
0	xxxx			xxxx	
1	xxxx	xxxx		xxxx	
1	xxxx	xxxx		xxxx	
0		xxxx	xxxx	xxxx	
1		xxxx	xxxx	xxxx	
1			xxxx	xxxx	
0	xxxx		xxxx	xxxx	
0	xxxx		xxxx	xxxx	
1	xxxx				
1	xxxx	xxxx		xxxx	xxxx
0	xxxx	xxxx		xxxx	xxxx
1		xxxx		xxxx	xxxx
0				xxxx	xxxx
1				xxxx	xxxx
0	xxxx				xxxx
0	xxxx				xxxx
1	xxxx				xxxx
1					xxxx
0					

图5-6　数据的随机缺失程度示例

　　图5-6中方框表示有数据缺失，这里只展示部分的行列数据。如果整份数据表的规模为4万行×50列，那整体缺失分布的随机程度则高到无法想象。所以，到底该如何充分利用这参差不齐的数据就成了关键。

　　我们可以通过图5-7中"岛屿－湖泊－椰子树"的比喻来理解：为什么随机森林特别适合应用在像图5-6那样随机缺失较多的数据上。

　　① 整个表格看成一座巨大的岛屿，岛屿的长和宽分别对应表格横轴和纵轴的长度。

　　② 表中数据缺失的地方看成岛屿中分布随意的小湖泊，数据完整的地方看成陆地。

　　③ 整个小岛的地底埋藏着巨大的价值（数据价值），通过在陆地上种椰

图5-7　随机森林比喻示意图

子树（用装袋法在行列上进行随机抽样）来吸取地底的养分。毕竟湖泊上种不了树，所以只要种的树足够多，就总能充分利用到陆地。当陆地的价值被充分利用，我们便能在一段时间后享用椰子，即数据中的价值。

5.3　随机森林预测宽带订阅用户离网的具体代码

对宽带订阅用户使用随机森林建模的代码如下。

```
param_grid = {
    'criterion':['entropy','gini'],
    'max_depth':[None],      # 深度：这里是森林中每棵决策树的深度
    'n_estimators':[10,15,20,25,30],  # 决策树个数：随机森林特有参数
    'class_weight': [{0:1, 1:2}, {0:1, 1:3}]
}


# 构建随机森林，这里直接使用网格搜索
import sklearn.ensemble as ensemble # ensemble learning: 集成学习
rfc = ensemble.RandomForestClassifier()
rfc_cv = GridSearchCV(estimator=rfc, param_grid=param_grid,
                      scoring='roc_auc', cv=4)
rfc_cv.fit(X_train, y_train)


# 模型评估
from sklearn.metrics import classification_report
y_pred = rfc_cv.predict(X_test)
report = classification_report(y_test, y_pred)
print("评估报告: \n", report)
```

随机森林模型的评估报告如图5-8所示。

```
评估报告:
              precision    recall  f1-score   support

           0       0.88      0.99      0.93       268
           1       0.94      0.46      0.62        67

    accuracy                           0.89       335
   macro avg       0.91      0.73      0.78       335
weighted avg       0.89      0.89      0.87       335
```

图5-8　随机森林模型的评估报告

随机森林中常用的参数包括决策树的个数、每棵树的深度、评估指标等。建立随机森林时，有一些可以参考的策略：树的个数最好大于5，每棵树的复杂程

度可以高一些（即深度和叶子节点数可以增加），每次选择的样本量最好小于总样本的30%，每次建树的变量个数最好不超过总变量数的30%。

➤ 随机森林能否像决策树那样可视化？

随机森林在某种程度上被认为是黑盒模型，但我们可以通过将森林中的每棵决策树可视化，从而实现整体的可视化。以本节开头的代码作为示范，先打印出 GridSearchCV 的最佳参数组合，如图5-9所示。

```
rfc_cv.best_params_
```

```
{'class_weight': {0: 1, 1: 2},
 'criterion': 'entropy',
 'max_depth': None,
 'n_estimators': 30}
```

图5-9　随机森林网格搜索的最佳参数组合

从图5-9可以看出，森林中有30棵决策树。篇幅原因，这里仅打印前4棵树作为展示。

```
param_grid = {
    'criterion':['entropy','gini'],
    'max_depth':[None],      # 深度：这里是森林中每棵决策树的深度
    'n_estimators':[10,15,20,25,30],  # 决策树个数：随机森林特有参数
    'class_weight': [{0:1, 1:2}, {0:1, 1:3}]
}

# 按照最佳参数组合重新训练一个随机森林模型，为了方便展示，每棵树的最大深度
设置成 3
rfc=ensemble.RandomForestClassifier(n_estimators=30,criterion=
'entropy', max_depth=3, class_weight={0: 1, 1: 2})
rfc.fit(X=X_train, y=y_train)

fig, axes = plt.subplots(nrows=2, ncols=2, figsize=(10,4), dpi=1000)
for i in range(4):
    plot_tree(rfc.estimators_[i], filled=True, ax=axes.flatten()[i])
```

这里我们使用plt.subplots()函数创建一个2×2的图形，每个子图都用于可视化随机森林中的一棵决策树。然后使用plot_tree()函数可视化每棵决策树，其中filled=True参数用于填充节点颜色，ax参数用于指定子图。可视化结果如图5-10所示。读者可自行调整代码中数据可视化部分的参数来实现不同的图片排布。

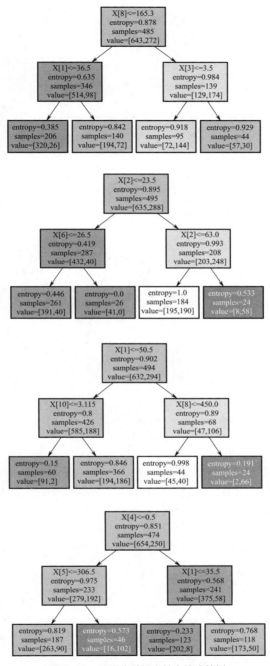

图5-10 可视化随机森林中的决策树

第 **6** 章

深入浅出层次聚类

聚类分析是研究分类问题的分析方法，是企业进行用户偏好挖掘和给用户画像的利器
之一。聚类分析有关的算法非常多，常用的有层次聚类、基于密度的聚类、K-Means 聚
类。本章将介绍基础且经典的层次聚类法基本原理，并将代码应用于实际的业务案例中。

6.1　聚类算法概述

本节主要介绍聚类算法的应用场景和放入算法的变量特点，并简要介绍几种常用的聚类算法。

6.1.1　聚类算法的应用场景

在电商领域中，可以使用聚类算法将用户分为不同的群体，根据不同群体的购买行为来制订不同的营销策略。而在客户管理与市场营销领域，它能根据客户数据的特征将客户分成不同的组，组内客户高度相似，而不同组之间的客户差异明显。这样便能对企业的经营者有以下作用：

① 深入了解每个客户群体的特征，制订更有效或更具个性化的营销策略。

② 提供更恰当的广告内容：比如年轻群体与老年群体的广告吸引偏好不同。

③ 根据各群组的重要性合理分配资源：高价值高活跃用户与低价值非活跃用户的运营投入成本不同。

6.1.2　聚类算法的变量特点

以客户分群为例，我们的目的是通过分析客户的社会经济状况或行为信息，对客户的价值形成更深刻的认识和预判能力。商业活动中与客户有关的信息通常可被分成以下几个方面：

① 人口学信息：性别、年龄、地域等基本属性。

② 社会经济状况信息：收入、职业、城市等级。

③ 交易行为信息：购买的产品、交易时间/频次等。

④ 价值信息：通常较难获取，例如客户对该公司产品的需求、心理价位、满意度评价、是否推荐给朋友等。

当然，对于客户洞察来说，只根据一类信息进行聚类是远远不够的。因此需要进行多方面的聚类，形成客户细分矩阵，即形成不同方面的标签（比如后面讲到的RFM模型）。目前各种聚类算法输入的数据类型主要还是以连续变量为主，因为连续变量的集中趋势相对分类变量来说更明显。尽管我们可以将分类变量转化为连续变量，比如性别中的"男-女"转换成"1-0"，但经过标准化之后，分类变量的方差依然会明显大于连续变量的方差，而聚类算法是根据变量的差异来对样本进行分组，这样一来，分类变量的离中趋势便会影响聚类算法的稳定性。

再者，从实际业务上看，很多反映社会经济状况和交易行为信息的都是连续变量。例如收入、消费金额等都是连续变量。对于这一点，不少读者可能会觉得：性别、年龄段和职业之类的分类变量也很重要，不放入算法中可真是"亏大了"。其实我们可以这样考虑，职业和年龄段之类的变量本身并无高低贵贱之分，但不同职业和年龄段的人收入水平是有差异的（一般来说，程序员薪资普遍比前台文员要高，资历老的程序员薪资又比年轻一辈的要高），所以薪资这一变量就已经够用了。数据分析师通常会对一些重要的分类变量进行探索性数据分析，或者把他们作为大分类变量，之后再对每个大分类进行一次聚类。

综合上述两点来看，无论是基于算法还是业务考量，笔者都不推荐在商业数据分析中使用分类变量进行聚类。

6.1.3　几种常用的聚类算法

常用的聚类分析方法有层次聚类、K-Means聚类和基于密度的聚类：

① 层次聚类：最基础的聚类算法，适用于小样本数据，可形成树状层次的图谱，便于直观地理解聚类过程。该算法的可解释性强，但由于计算复杂，所以难以处理大量样本。

② K-Means聚类：算法复杂度不高，适用于大样本数据。分类前需要预先指定分类的个数，这也是最考验业务能力的一点。分类个数太少会使组内差异过大而失去研究意义，分类个数太多又会使研究过于复杂，所以一般聚类次数最多为8。或者先用K-Means将样本聚成20 ~ 40小类，再使用层次聚类法将这几十个小类聚成3 ~ 10个大类。

③ 基于密度的聚类：适用于大样本数据。只有当样本的分布形态为球状时，此方法才适用，该算法主要用于异常值检测，比如识别违约客户。

6.2　聚类算法的分类逻辑

无论是哪种聚类算法，其本质逻辑原理都是相同的，即把类似的样本归为一组，归类的依据通常由样本间、类与类之间的距离决定。以下列举常见的几种距离测量公式。

6.2.1　欧氏距离

欧氏距离（Euclidean）其实是用勾股定理来表达这一对点之间的距离，即两点间的直线距离（图6-1）。

计算公式如下：

$$D(x, y) = \sqrt{\sum_{i=1}^{n}(x_i - y_i)^2}$$

式中，n表示数据的维度。如果是图6-1这样的

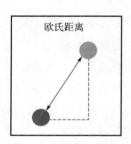

图6-1　欧氏距离示例图

二维平面 [假设两个点的坐标分别为(x_1,x_2)和(y_1,y_2)]，则它们的欧氏距离为 $\sqrt{(x_1-y_1)^2+(x_2-y_2)^2}$ 。欧氏距离在很多应用中表现良好，但它也存在一些缺点，包括以下几点。

① 对离群值敏感：随着维度n的增加，每个维度上的差值都会被平方，这意味着离群值（即与其他数据点差异较大的数据点）的影响会更大。如果数据集中存在离群值（或者某个变量的数值范围特别大），那么欧氏距离的结果就可能会被这些点（或这些变量）主导，导致距离计算不准确。比如表6-1中的A、B两个客户其实可以看作一类，但因为B的身高维度出现了异常值，所以如果只选择使用欧氏距离作为分类标准，它俩很可能就没办法被归为一类。

表6-1　客户表示例

客户名称	月薪资/元	月消费/元	体重/kg	身高/cm
A	15000	1000	65	178
B	15000	1000	67	1.8

➤ 假如我们研究的问题与客户的身高体重无关，那么是不是只要把这些无关变量去掉就行？

聚类算法有一个空子可以钻：初学者可以无规则地将一些变量丢到模型中，或者一股脑地将所有变量都放入模型，这样的聚类结果也能凑合用。但是，这也让聚类结果失去了可解释性，即没办法向别人描述"为什么这么聚类"或"聚类结果如何解释业务"。若考量业务后发现我们研究的问题只与客户的收入和消费水平有关，与外部体征信息无关，那才可以舍弃无关变量。所以，聚类算法的变量选择应与业务需求紧密结合。

② 只考虑各个特征之间的相对位置，不考虑其语义关系：欧氏距离只考虑每个维度上的差值大小，并没有考虑各个特征之间的语义关系。例如，在图像识别中，两张图片之间的差异可能并不是只由各个像素的亮度或颜色决定，还有可能与图像的语义有关。在这种情况下，欧氏距离可能并不是一个适合的距离度量方式。

因此，在使用欧氏距离进行距离计算时，需要考虑以上的缺点，对数据进行预处理，以确保距离计算结果的准确性和可靠性。如果欧氏距离不适用于特定的应用场景，还可以考虑其他距离度量方式。

6.2.2　余弦相似度

余弦相似度（cosine similarity）可以很好地抵消高维度时欧氏距离存在的问题。两个向量夹角的余弦即为余弦相似度（图6-2）。

余弦相似度计算公式为：

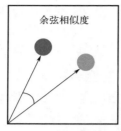

$$D(x, y) = \cos\theta = \frac{\boldsymbol{x} \cdot \boldsymbol{y}}{|\boldsymbol{x}| \cdot |\boldsymbol{y}|}$$

值得注意的是，向量的大小并不重要，因为这是方向上的度量。$\cos\theta$等于1（-1）时，表明两个向量的方向完全相同（相反）。余弦相似度的计算方法简单，只需要进行一些基本的矩阵运算即可。它主要的缺点是没有考虑向量的大小，而只考虑它们的方向，所以可能会

图6-2　余弦相似度示例图

忽略特征之间的重要性差异，导致相似度计算不准确。

6.2.3　闵氏距离

闵氏距离（Minkowski）全称闵可夫斯基距离，先来看它的公式：

$$D(x, y) = \left(\sum_{i=1}^{n} |x_i - y_i|^p \right)^{\frac{1}{p}}$$

我们可以通过调节参数p来操纵距离度量，使其与其他度量非常相似，比如当$p=2$时为欧氏距离，$p=\infty$时为切比雪夫距离。在编写代码程序时，可以通过迭代p值来找到最适合实际需求的距离度量。所以如果我们非常熟悉p和许多度量距离的方式，将会获益很多。

6.3　层次聚类

层次聚类是十分常用经典的一种聚类算法，它通过计算数据样本点之间的距离，构建一个有层次结构的树形图来辅助建模者直观地理解聚类过程。

6.3.1　层次树怎么看？

层次树是层次聚类法独有的聚类结果图。本章一开始提到了层次聚类法的可解释性强，但计算复杂所以难以处理大量样本。这是因为树形图的横坐标会将每一个样本都标出来，并展示聚类的过程。几十个样本的时候层次树（图6-3）就已经"模糊不清"了，更何况成百上千的数据样本。图6-4为相对正常的层次树。

通过层次树我们可以看出类之间的层次关系（这一类与另一类相差多远），同时还可以通过层次树来决定最佳的聚类个数和聚类方式（聚类顺序的先后）。

层次聚类的步骤比较简洁，只要短短的3步：

① 计算数据中每两个观测点之间的距离。

② 将最近的两个观测聚为一类，将其看作一个整体后，再计算与其他观测（类）之间的距离。

③ 一直重复上述过程，直至所有的观测被聚为一类。

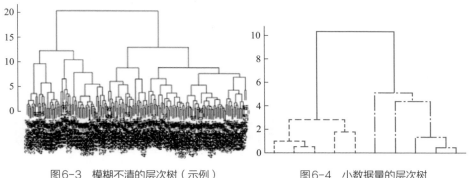

图6-3　模糊不清的层次树（示例）　　　　　　图6-4　小数据量的层次树

建立层次树的三个步骤虽然简洁，但其实也有令人迷惑的地方，所以为了让读者更好地从整体上去理解聚类过程而不是过于执着细节，这里先直接放一个聚类过程图和对应的层次树图片（图6-5）。

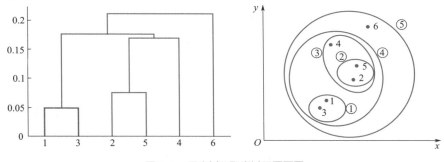

图6-5　层次树及聚类过程圆圈图

➤ 怎么从层次树中看出聚类过程？

第一，当两个点被分为一类时，是从横坐标出发向上延伸，后形成一条横杠；当两个类被分为一类时，是横杠中点向上延伸。所以横杠的数量就表示当所有的点都被圈为一类时经过了多少次聚类（图6-6）。

5条横杠，
表示当所有的点都被
归为一类时，经历了5个
聚类步骤(可通俗理解
成这个过程画了五个圈)

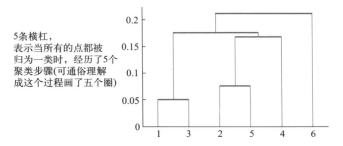

图6-6　通过横杠数判断聚类次数

同样，横杠距离横坐标轴的高度也有玄机，毕竟每生成一个横杠就表示又产生了一次聚类，所以我们可以通过横杠的高度判断聚类的顺序（图6-7）。

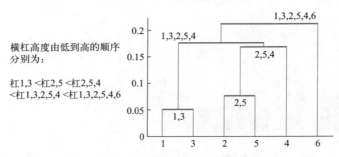

横杠高度由低到高的顺序分别为：

杠1,3 <杠2,5 <杠2,5,4 <杠1,3,2,5,4 <杠1,3,2,5,4,6

图6-7　通过横杠高度判断聚类顺序

所以聚类顺序便如表6-2所示。

表6-2　聚类顺序

聚类次数	被聚为一类的点	聚类次数	被聚为一类的点
第1次	1 和 3 → 1,3	第4次	2,5,4和1,3 → 1,3,2,5,4
第2次	2 和 5 → 2,5	第5次	1,3,2,5,4和6 → 1,3,2,5,4,6（所有点被聚为一类）
第3次	2,5 和 4 → 2,5,4		

第二，整棵层次树由一棵棵小树组成，每棵小树代表一个类，小树的高度即两个点或两个类之间的距离，所以两个点之间的距离越近，这棵树就越矮小。

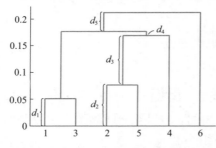

图6-8　反映点与点/类与类之间距离的层次树

以图6-8为例，先从最矮的高度为d_1的小树说起，这是类1,3中两个孤立的点1和3之间的距离；同理，d_2为类2,5中点2和5之间的距离。$d_2>d_1$，所以可以推断出点2,5之间的距离比点1,3之间的距离要大。

而至于d_3、d_4、d_5这三个距离，他们并不像d_1和d_2那般表示的是一棵完整树的高度，而更像是"生长的枝干"。因为从"当两个类被分为一类时，是横杠中点向上延伸"可以看出，d_3是从类2,5横杠的中点往上延伸的，所以它表示类2,5会与另外的类或点聚成一起并形成一棵更大的树。图6-8中的类2,5和点4被聚成一个新的类2,5,4。

同理，d_4表示类2,5,4与类1,3聚成新类1,3,2,5,4；d_5表示类1,3,2,5,4与点6聚成类1,3,2,5,4,6。

> ➤ 怎么从层次树中看出聚类效果？

层次树除了能帮助我们理解聚类过程，还可以在一定程度上给我们提供聚类效果的参考，比如纵轴分界线所在位置可以决定这些数据到底分成多少类（图6-9）。

定好分界线后，只需要看这条分界线下面的横杠和竖线即可。图6-9中分界线下方的横杠有两条，分别表示类1,2和类2,5；单独的竖线也有两条，从横坐标轴 4 和6上各延伸出的一条。所以，如果以这条分界线来切分，聚类结果为：1,3一类，2,5一类，4,6两个孤立点各一类。

同理，当分界线改变为如图6-10所示时，1,3,2,5,4为一组，点6单独为一组。

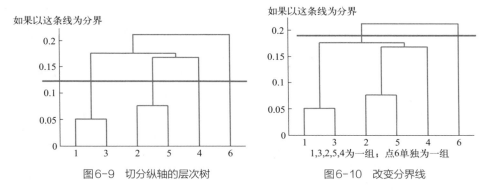

图6-9 切分纵轴的层次树　　　　　　图6-10 改变分界线

所以，学会如何解读层次树对我们理解层次聚类的过程至关重要。

6.3.2 点与点、簇与簇之间的距离

本章实战时点与点的距离度量将采用欧氏距离，x_i 指样本 x 第 i 个属性的值，y_i 指样本 y 第 i 个属性的值：

$$D(x, y) = \sqrt{\sum_{i=1}^{n}(x_i - y_i)^2}$$

簇与簇之间有很多距离度量方式，本节介绍最常用的平均法和 Ward 最小方差法。

（1）平均法

平均法又称平均链接（average linkage）。该方法会计算两个簇中所有数据点之间的平均距离，以此作为两个簇之间的距离。平均法对噪声和异常值的适应性强。但是，由于它考虑所有数据点之间的距离，所以可能会受到高维度数据的影响而导致计算开销过大。

（2）Ward最小方差法

Ward最小方差法是一种常用的层次聚类算法，它度量簇之间的距离是通过计算将两个簇合并后的总方差增量来实现的。这个描述比较抽象，笔者将结合实际数据讲解。

假设有两个簇 A 和 B，它们的中心点分别为 μ_A 和 μ_B，将它们合并后的簇为 C，C 的中心点为 μ_C，则 Ward 距离可以计算为

$$D_{\text{Ward}}(A,B) = \sum_{x \in C}(x-\mu_c)^2 - \sum_{x \in A}(x-\mu_A)^2 - \sum_{x \in B}(x-\mu_B)^2$$

式中，$\sum_{x \in C}(x-\mu_c)^2$ 表示合并簇 A、B 后簇 C 的方差；$\sum_{x \in A}(x-\mu_A)^2$ 和 $\sum_{x \in B}(x-\mu_B)^2$ 分别表示簇 A 和 B 的方差。直观上来说，Ward 距离度量的是将两个簇合并后形成的新簇与原来两个簇的方差之和的差距，这样可以保证合并后的簇内部的方差最小，也说明这两个簇的合并是合适的。

该方法受异常值的影响较小，在实际应用中的分类效果较好，适用范围广。但在使用 Ward 算法时，簇内部样本点之间的距离必须是欧氏距离。

下面我们用一份实际数据（表6-3）来演示 Ward 算法的聚类过程。

使用 Ward 法时，会计算聚成 $n-1$ 类时（n 表示样本量），类与类之间的距离，再根据层次树或者方差增量判断方法来决定最终聚成多少类最合适。

正式开始前，需要先计算它们之间的欧氏距离，如表6-4所示（这里为了方便，就不开方了）。得出欧氏距离矩阵后，先将它们聚成四类，这意味着其中两个样本会被聚成一类，其余三个样本各一类，如果 A、B 归为一类，那么组内离差平方和就只需计算 A、B 的，毕竟单个点为一类时没有方差这一说法。所以根据 $A(6,5)$、$B(7,6)$ 两点的坐标，可以计算组内离差平方和 SS_{AB}：

$$\text{SS}_{AB} = \left(6-\frac{6+7}{2}\right)^2 + \left(7-\frac{6+7}{2}\right)^2 + \left(5-\frac{5+6}{2}\right)^2 + \left(6-\frac{5+6}{2}\right)^2 = 1$$

表6-3　Ward法示例数据

变量	样本	
	X	Y
A	6	5
B	7	6
C	2	4
D	4	2
E	2	1

表6-4　样本欧氏距离矩阵

	A	B	C	D	E
A					
B	2				
C	17	29			
D	13	25	8		
E	32	50	9	5	

其余同理，最终的排列组合结果见表6-5。

表6-5 聚成四类时的可能结果与组内离差平方和

序号	1	2	3	4	组内离差平方和	序号	1	2	3	4	组内离差平方和
1	AB	C	D	E	1.00	6	BD	A	C	E	12.50
2	AC	B	D	E	8.50	7	BE	A	C	D	25.00
3	AD	B	C	E	6.50	8	CD	A	B	E	4.00
4	AE	B	C	D	16.00	9	CE	A	B	D	4.50
5	BC	A	D	E	14.50	10	DE	A	B	C	2.50

从结果来看，聚成四类时，A、B被归为一类是最优选择，因为组内方差最小，意味着组内成员高度相似。

接下来是合并成三类，上一步确定A、B最先被归为一类后，同样是根据排列组合的方式来遍历所有可能出现的聚类情况，见表6-6。

表6-6 聚成三类的可能结果

类别序号	1	2	3	类别序号	1	2	3
1	ABC	D	E	4	AB	CD	E
2	ABD	C	E	5	AB	CE	D
3	ABE	C	D	6	AB	DE	C

其中，序号1、2、3和序号4、5、6这两种情况求解组内离差平方和的方式略有不同。先来看序号4、5、6。A、B已经确定被归为一组，所以总的组内离差平方和只需要加上类别2的新组合即可。以序号4为例：

$SS_{AB}=1$，C、D的坐标分别为$(2,4)$和$(4,2)$，SS_{CD}为

$$SS_{CD} = \left(2-\frac{2+4}{2}\right)^2 + \left(4-\frac{2+4}{2}\right)^2 + \left(4-\frac{4+2}{2}\right)^2 + \left(2-\frac{4+2}{2}\right)^2 = 4$$

所以$SS_{total} = 1+4 = 5$。

而序号1、2、3这三种情况都是往已有的类中加入新的点，新形成类的组内离差平方和求法如下：

假设该类中已有两个点为x_1和x_2，该类的均值为μ，组内离差平方和为$SS_{x_1x_2}$，现将一个新点x加入该类，公式为$SS_{new} = SS_{x_1x_2} + (x-\mu)^2/k$。式中，$k$为新类中点的数量。现在$k=3$。将$x_1$、$x_2$、$x$、$\mu$代入上式，得

$$SS_{new} = SS_{x_1x_2} + [(x_1-\mu)^2 + (x_2-\mu)^2 + (x-\mu)^2]/k$$

以序号2为例，往类AB中加入新点$D(4,2)$，$\mu_{AB} = \left(\frac{6+7}{2}, \frac{5+6}{2}\right) = (6.5, 5.5)$。所以：

$$SS_{ABD} = SS_{AB} + SS_{\mu_{AB}D} = 1 + [(4-6.5)^2 + (6.5-4)^2 + (5.5-2)^2 + (2-5.5)^2]/3 \approx 13.33$$

最终，聚成三类时各种组合的组内离差平方和如表6-7所示。

表6-7　聚成三类时的组内离差平方和

序号 \ 类别	1	2	3	组内离差平方和	序号 \ 类别	1	2	3	组内离差平方和
1	ABC	D	E	16.00	4	AB	CD	E	5.00
2	ABD	C	E	13.33	5	AB	CE	D	5.50
3	ABE	C	D	28.00	6	AB	DE	C	3.50

同理，可以求得聚成二类和一类时的可能组合及对应的组内离差平方和（表6-8）。

表6-8　聚成二类和一类时的组内离差平方和

聚成二类					
序号	1	2	3	4	组内离差平方和
1	ABC	DE			18.50
2	AB	CDE			8.33
聚成一类					
序号	1	2	3	4	组内离差平方和
1	ABCDE				38.00

综合表6-5～表6-8，可得到最终的最佳聚类顺序（离差平方和最小的组合）：先是 A、B 聚为一类，然后是 D、E 聚为一类，之后是 C、D、E 聚为一类，最终全部聚为一类。至于这五个点到底该聚为几类比较合适，可以看类的个数与组内离差平方和的变化，以变化最大时为依据（表6-9）。

表6-9　聚成的类数与组内离差平方和的变化

聚类个数	组内离差平方和	组内离差平方和差值	聚类个数	组内离差平方和	组内离差平方和差值
4	1.00（AB）		2	8.33（AB、CDE）	4.83
3	3.50（AB、DE、C）	2.50	1	38.00（ABCDE）	29.67

当聚类个数从两类到一类之间的组内离差平方和变化最大，所以以 AB 一类，CDE 一类是最好的选择，这也符合"组内样本高度相似而组间差异明显"的聚类宗旨。

6.3.3 Python实现层次聚类

本节我们使用一份有关城市经济发展的数据。DataFrame只有短短两列，分别表示国民生产总值（Gross）和人均收入（Avg），如图6-11所示。基础库的配置和数据读入如下。

```python
import pandas as pd
import numpy as np
import matplotlib.pyplot as plt
plt.rc('font', **{'family': 'Microsoft YaHei, SimHei'})
# 设置中文字体的支持
plt.rcParams['axes.unicode_minus'] = False
# 解决保存图像是负号'-'显示为方块的问题


df = pd.read_csv('城市经济.csv')
df
```

	AREA	Gross	Avg
0	辽宁	-1.174241	-0.364178
1	山东	2.095775	-0.654819
2	河北	-1.399899	-0.870629
3	天津	-3.265185	0.698849
4	江苏	2.386557	-0.337666
5	上海	0.163901	2.802894
6	浙江	1.209012	0.048116
7	福建	-2.084500	-0.322173
8	广东	5.501759	0.105138
9	广西	-3.433179	-1.105531

图6-11　城市经济数据

数据集已经过标准化处理，所以读者无需花时间理解数值含义。接下来使用scipy库中的层次聚类方法对数据进行聚类。

```python
# sklearn 里面没有层次聚类的函数，所以从 scipy 中导入
import scipy.cluster.hierarchy as sch   # hierarchy中文译为"层次结构"

# 生成点与点之间的距离矩阵，这里用的欧氏距离：euclidean
# X：根据什么来聚类，这里结合总体情况 Gross 与平均情况 Avg 两者
disMat = sch.distance.pdist(X=df[['Gross', 'Avg']],
metric='euclidean')
# 进行层次聚类：计算距离的方法使用 Ward 法
Z = sch.linkage(disMat,method='ward')
```

上面这段代码对应6.3.2中Ward最小方差法的操作步骤：使用scipy包中的层次聚类方法，先根据数据生成两两样本间的距离矩阵，参数euclidean表示采用欧氏距离作为标准。之后使用linkage函数进行层次聚类，method='ward'表示采用Ward方法来计算类与类之间的最优合并方式。

dendrogram用来展示聚类结果树形图（结果如图6-12所示）。

```
plt.grid(True)    # 添加网格
P = sch.dendrogram(Z, labels=df.AREA.tolist())
# 绘制树形图，labels表示添加横坐标标签
```

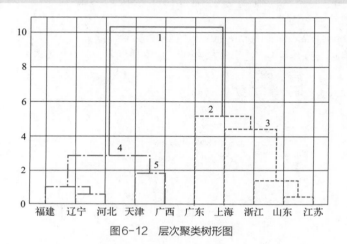

图6-12   层次聚类树形图

从树形图显示的层次来看，横杠1和2的间距是最大的，证明两类的组间差异最大，所以聚成两类是一个很不错的选择。如果希望类的个数多一点，切分间距第二大的横杠3和4也是可以的（图6-13），这样便是将数据聚成4类：广东和上海各一类，浙江、山东、江苏三个地方一类，其余地方为一类。

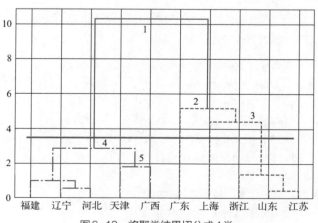

图6-13   将聚类结果切分成4类

确定最终的聚类个数为4后，还需要给每个样本都打上类别标签，以供后续进行分类研究。这里使用sklearn中的AgglomerativeClustering函数来做层次聚类，它的实现效果和scipy的cluster.hierachy几乎一样，只是多了一个能自动给类打标签的函数参数n_clusters。

> 既然层次聚类法是通过观察树形图来确定聚类个数的，为什么还要事先指定聚类个数呢？

我们可以在确定聚类数量后进行人工打标签，但这样未免太慢了，笔者十分不推荐。这里还涉及了sklearn和scipy这两个强大的Python第三方库的特性：sklearn的AgglomerativeClustering函数获取树形图很麻烦，scipy的hierarchy则相对容易得多。所以笔者通常会用后者来进行层次聚类建模和绘图，确定好类别后再用前者实现自动打标签。打上标签的聚类结果如图6-14所示。

```
from sklearn.cluster import AgglomerativeClustering
ward = AgglomerativeClustering(n_clusters=4, linkage='ward', compute_
full_tree=False)
# compute_full_tree=False   表示省去呈现树形图的操作
ward.fit(df[['Gross', 'Avg']])
df['cluster'] = ward.labels_
df.sort_values(by='cluster')
```

	AREA	Gross	Avg	cluster
0	辽宁	-1.174241	-0.364178	0
2	河北	-1.399899	-0.870629	0
3	天津	-3.265185	0.698849	0
7	福建	-2.084500	-0.322173	0
9	广西	-3.433179	-1.105531	0
1	山东	2.095775	-0.654819	1
4	江苏	2.386557	-0.337666	1
6	浙江	1.209012	0.048116	1
8	广东	5.501759	0.105138	2
5	上海	0.163901	2.802894	3

图6-14　打上标签的聚类结果

最后的聚类结果如下：

- 辽宁、河北、天津、福建、广西被聚为一类。
- 山东、江苏、浙江被聚为一类。
- 广东、上海两地各自为一类。

6.4　聚类模型的评估

　　聚类没有因变量，是一种无监督算法，结果的好坏难以在建模时使用有监督模型的评估方法来衡量（比如逻辑回归中的AUC）。不过可以在建模后通过外部数据来验证，比如各种测验中的最后一问，即"以下哪个选项更贴近您"之类的选项供用户填写。但这样做不仅成本高，而且准确度低，毕竟会有不少用户不会填写真实信息。所以笔者将展示一些低成本且精度尚可的指标来衡量聚类效果，无论哪种，核心思想都是组内差异尽可能小而组间差异尽可能大。评价指标主要有轮廓系数、平方根标准误差和R方。

6.4.1　轮廓系数

　　轮廓系数的取值范围为$[-1,1]$，越接近1表示聚类效果越好，越接近-1表示聚类效果越差。公式如下：

$$S(i) = \frac{b(i) - a(i)}{\max\{a(i), b(i)\}}$$

　　式中，$S(i)$表示单个样本i的轮廓系数；$a(i)$表示样本i到同类其他样本的平均距离；$b(i)$表示该样本与其他不同类内所有样本点距离均值的最小值。这一概念稍显抽象，下面以一个简图介绍（图6-15）。

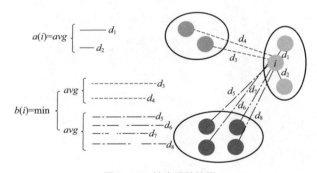

图6-15　轮廓系数简图

　　最好的分类结果：不同组之间的差距越大越好，同组内的样本差距越小越好。这样才能更好地体现物以类聚的思想。因为组内差异为零的话，$a(i)$便无限趋近于0，公式分子只剩$b(i)$，分母$\max\{0, b(i)\} = 0$，结果为$b(i)/b(i) = 1$，所以轮廓系数越接近1代表组内聚类性和组间的分离度越好。

　　这是单个样本点的轮廓系数，整体的轮廓系数求一下平均即可：

$$S(i) = \frac{1}{n}\left(\sum_{i=1}^{n} s(i)\right)$$

一般来说,轮廓系数大于0.7时可以认为聚类效果较好,大于0.5为一般,小于0.25就比较糟糕了。但具体取值还需要根据数据集的特点来确定,不同数据集可能会有不同的阈值。

6.4.2 平方根标准误差

平方根标准误差(RMSSTD,全称root-mean-square standard deviation)。平方根标准误差的计算方法是对每个样本计算它与所属类聚类中心的距离,然后对所有样本的距离求平均,最后对这个平均距离开平方得到平方根标准误差。它的取值范围为[0, ∞),越小表示群体内每个样本之间的相似程度越高,聚类效果越好。

$$\text{RMSSTD} = \sqrt{\sum_{i=1}^{n} \frac{S_i^2}{p}}$$

式中,S_i 表示第 i 个样本在各类内的标准差之和;p 为样本个数。

6.4.3 R方

R 方(R^2,R-square)代表聚类后组间差异的大小,取值范围为[0,1],越接近1表示组间差异越大,聚类效果越好。计算公式如下:

$$R^2 = 1 - \frac{\text{SSB}}{\text{SST}}$$

式中,SSB 表示聚类后各个类之间的方差;SST 为总方差。

6.4.4 评估指标的选择

之所以介绍最常见的几个聚类算法的评估指标,是希望读者能够根据实际的数据特征来选择,而不是盲目套用。以轮廓系数为例,图6-15中的组内 $a(i)$ 好算,$b(i)$ 就比较难求,毕竟每个点都要与不同组里面的所有点进行计算,所以轮廓系数在实操的时候需要控制样本量的大小。

当数据的维度很高时,R 方的值很容易受到噪声的影响,导致评估结果不准确。因此,在高维度数据上,建议使用其他的评估指标来评估聚类效果,例如平方根标准误差等。

6.5 Python实现聚类算法评估

对6.3.3小节的聚类结果(图6-14),下面将用Python实现6.4节中提到的三种评估方法。

（1）轮廓系数

```
from sklearn.metrics import silhouette_score
# 使用轮廓系数评估模型
score = silhouette_score(X=df[['Gross', 'Avg']], labels=df.cluster,
metric='euclidean')
print('轮廓系数为：', score)


>>>轮廓系数为：0.4975286983366399
```

　　sklearn中自带轮廓系数的函数silhouette_score，只需要传入分类的依据（这份数据是Gross和Avg这两个变量）和最终的聚类标签即可，再把参数metric设置为层次聚类时距离的判断标准即可。

（2）R方计算

```
from sklearn.metrics import r2_score
data = pd.read_csv('城市经济.csv')[['Gross', 'Avg']]

# 层次聚类
model = AgglomerativeClustering(n_clusters=3)
model.fit(data)

# 计算R方
labels = model.labels_
centers = np.zeros((3, data.shape[1]))
for i in range(3):
    centers[i] = np.mean(data[labels == i], axis=0)
r2 = r2_score(data, centers[labels])

print('R方:', r2)   # 0-1之间，越大约好


>>>R方：0.523022635742215
```

　　计算R方时，代码量会稍微多些，因为它对于每个样本都需要计算其与所属簇聚类中心的距离，然后对所有样本的距离求平均。

（3）平方根标准误差

```
# 计算平方根标准误差
from sklearn.metrics import mean_squared_error
rmsstd = mean_squared_error(y_true=data, y_pred=centers[labels],
squared=False)
```

```
print('平方根标准误差:', rmsstd)  # 0-正无穷, 越小越好

>>>平方根标准误差: 0.9150113632169541
```

　　需要注意的是，平方根标准误差的具体取值需要根据数据集的特点来确定，不同的数据集可能会有不同的阈值。

6.6　结果分析

　　对中国各地区经济情况的了解经验告诉我们，广东和上海的经济发展状况差异较大，广东的总GDP很高，但上海人均GDP最高，所以它们各自单独为一类很正常。但天津和广西的差异性比较大，二者被分在一组并不合理，轮廓系数和R方双低也已经说明了问题。

　　这个算法案例说明，数据分析的算法很多，不要迷信某种算法就一定比其他算法好，有时候效果好的算法解释性差（像随机森林和神经网络那样的黑盒模型）。最后到底选择使用哪种算法，还是得结合理解实际业务需求，切忌盲目建模。

第 **7** 章

K-Means 聚类实现客户分群

与层次聚类不同的是，K-Means 需要在聚类之前指定类的数量 k，从而把 n 个数据点
划分到 k 个类别中，使得每个点都属于离它最近的聚类中心对应的类，并以此作为聚类的
标准。本节将介绍 K-Means 聚类算法的原理、应用和实现。

7.1　K-Means聚类原理

K-Means聚类的步骤示意如图7-1所示（这里的k为2，即划分为两类）。

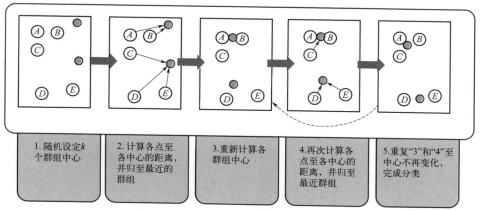

图7-1　K-Means聚类原理图

下面是关于图7-1的一些问题。

➤ 在第二步中，显然A、B、C为一类，D、E为一类才是最正确的分类方式，为什么按最近距离归组后反倒分类错误了呢（第二步是将A、B分为一类，C、D、E分为一类）？

K-Means算法并不追求一步就完全分类正确。该方法先随机地设定群组的中心，然后用每组计算得到的中心来代替随机设定的中心，此后再计算每个点到各组中心的距离，最后发现C点其实离上面的中心更近（A、B一类，D、E一类本来就分类正确了，只是C点出现了分类失误。）

➤ 图7-1中经过第四步后其实就已经划分出了正确的分类，第五步中的重复操作还有什么用呢？

第五步这个过程属于"中心迭代"，其可通过各群组中心的变化情况来判断是否将当前的群组中心作为最终的分类依据（各组中心不再变化，或变化小于指定阈值时才可确定）。在面对大量待分类数据时，这一套流程需要不断判定和重复，才能完成实际的数据分类任务。

所以说K-Means是一种迭代算法，每次迭代的计算量相对较小。时间复杂度大约为O($nkid$)或O(n)。式中，k是聚类数目；n是样本数目；i是迭代次数；d是数据维度。而层次聚类法的时间复杂度大约为O(n^3)，n是样本数目。因此，当样本数较大时，层次聚类的复杂度将会呈指数级增长，速度自然就比K-Means要慢很多。

K-Means聚类法计算速度快，原理容易理解，但也存在不少缺点：

① k的个数需要人为确定，需要紧密结合业务实际与需求。

② 容易陷入局部最优解，无法保证全局最优（图7-1中的第二步决定了不同的起始中心可能导致不同的结果）。

③ 对异常值敏感。

④ 不适合发现非凸形状的簇。

所以在正式聚类前，需要对数据进行清洗与标准化，而且需要对数据进行可视化来观察簇的形状。但如果我们换个角度看，也可以将K-Means的缺点转化为特点，将其应用到实际场景中，比如异常值检测。如果只是对数据进行常规的标准化处理，比如中心标准化/极差标准化等，却不进行其他形式的转换，就进行快速的聚类，那么便会得到能明显反映数据分布特征的聚类结果。这种聚类方式会将极端异常的数据划分成几类，常用场景有监控银行客户是否存在洗钱行为，识别骗贷用户，监控pos机套现等。

7.2　Python实现K-Means聚类

本节代码实战将使用已经处理过的有关银行客户的数据集，数据节选如图7-2所示。变量解释如下。

① CSC：英文全称为counter service for customer，选择柜台服务的客户。

② ATM_POS：使用ATM和POS服务的客户。

③ TBM：选择有偿服务的客户。

	ATM_POS	TBM	CSC
0	-0.852354	-0.294938	0.143935
1	-0.333078	-0.244334	0.939343
2	0.918067	0.593787	2.349496
3	-0.741847	-0.210507	-0.521592
4	-0.499703	-0.492714	-0.367629

图7-2　银行客户数据节选（共100000条）

变量的数值含义可暂时忽略，理解成对应分值。

```
import pandas as pd
import numpy as np


df = pd.read_csv('data_clean.csv')
df.head()
```

接下来使用sklearn中的KMeans函数对数据进行聚类。

```
from sklearn.cluster import KMeans
kmeans = KMeans(n_clusters=3)        # n_clusters=3 表示聚成3类
result = kmeans.fit(df)                        # 拟合
```

```
result
''' result输出: KMeans(algorithm='auto', copy_x=True,
init='k-means++', max_iter=300, n_clusters=3, n_init=10,
n_jobs=None, precompute_distances='auto',
random_state=None, tol=0.0001, verbose=0) '''
# 与随机森林、决策树等算法一样, KMeans 函数中的参数众多, 这里不具体解释了,
可查阅官方文档
```

.labels_ 可查看数据的分类, 再将分组结果与源数据横向拼接起来 (图7-3)。

```
# 对分类结果进行解读
model_data_l = df.join(pd.DataFrame(result.labels_))
                        # .labels_  表示这一个数据点属于什么类
model_data_l = model_data_l.rename(columns={0: "clustor"})
model_data_l.sample(10)
```

	ATM_POS	TBM	CSC	clustor
75557	-0.660390	-0.491282	-0.473513	1
87072	3.435500	0.606897	0.272691	0
66524	-0.890393	1.158563	1.957567	2
348	-0.885561	-0.411805	-0.506717	1
62663	-0.592656	0.413549	-0.374998	1
51898	2.343226	1.188243	0.198308	0
65429	-0.885617	0.309940	0.152809	1
53632	0.059517	-0.171865	-0.476880	1
87599	-0.562473	-0.025141	-0.540707	1
59717	-0.380191	0.043765	-0.320864	1

图7-3 分类结果（部分）

7.3 数据转换方法

前文提到, 如果只是对数据进行常规的标准化处理, 却不进行其他形式的转换, 聚类结果将会明显反映数据的分布特征, 为了简化建模与可视化的过程, 这里先定义一个流程函数。

```
# 定义函数, 用来实现 K-Means 建模流程, 并给出可视化饼图
def kmeans_model_pie(data, k):
    """传入数据和聚类个数, 实现建模并绘制模型分类分布饼图"""
    kmeans = KMeans(n_clusters=k) # n_clusters=3 表示聚成3类
    result = kmeans.fit(data)
```

```
model_data_l = data.join(pd.DataFrame(result.labels_)) # 拼接结果
model_data_l = model_data_l.rename(columns={0: "clustor"})

import matplotlib
get_ipython().magic('matplotlib inline')
model_data_l.clustor.value_counts().plot(kind='pie',
                          shadow=True, autopct='%.2f%%') # 两位小数
```

对原始数据进行标准化处理，并将聚类结果可视化。

```
# 标准化数据后再次建模，使用中心标准化
df_normalized = df.apply( lambda x:(x-x.mean())/x.std() )
kmeans_model_pie(data=df_normalized, k=3)
```

从图7-4可以看出，标签分布很不平均，这种情况通常是由自变量的偏度问题导致的。统计学中的偏度用来衡量数据不对称的程度。正偏度表示分布数据集中分布在左侧导致右边尾巴过长。有关偏度的知识不做展开，仅展示求解过程（结果如图7-5所示）。

```
# 自变量的偏度检查
var = ["ATM_POS","TBM","CSC"]      # var: variable, 变量
skew_var = {}
for i in var:
    skew_var[i]=abs(df_normalized[i].skew())   # .skew() 求该变量的偏度
    skew=pd.Series(skew_var).sort_values(ascending=False)
skew
```

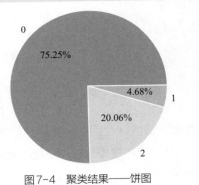

TBM	51.881233
CSC	6.093417
ATM_POS	2.097633
dtype: float64	

图7-4 聚类结果——饼图   图7-5 自变量的偏度

所以，常规的自变量标准化方式（图7-6）已经无法满足我们转换偏态数据的需求了。

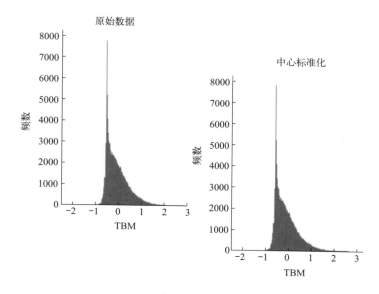

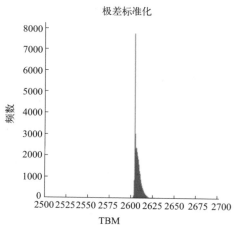

图7-6 常规的自变量标准化处理方式

出现"绝大部分客户属于一类,很少量客户属于另外一类"的情况时,就失去了客户细分的意义(除非是为了检测异常值),因为有时候我们希望客户能够被均匀地分成几类(许多领导和甲方的需求为均匀地聚类,这是出于管理的需求)下面笔者提供3个非常规但常用的方法。

(1)变量取自然对数

自然对数转换可以将指数增长的右偏数据转化为线性增长的数据。对数转换的公式为$y = \log_e x$,x为原始数据,y为转换后的数据。对数转换的缺点是无法处理小于或等于零的数据。

（2）百分位秩

百分位秩是一种常用的数据转换方法，可将原始数据转换为标准化的分布，并对不同数据进行比较。基本思想是将原始数据按大小排序后，用其在数据集中的百分位数来代替它们，从而将它们转换为0 ～ 1之间的分数，最终得到标准化的分布。

其优点在于标准化后，可以进行不同数据之间的比较，且不会受到量纲的影响。需要注意的是，百分位秩的计算过程需要将数据排序，因此在数据集很大的情况下，计算会比较耗时。

（3）Tukey正态分布打分

Tukey正态分布打分的基本思想是将数据进行幂次变换，使其更加对称，并将极端值的影响降至最低。

下面是百分位秩转换法的代码实现。

```
from sklearn import preprocessing
quantile_transformer = preprocessing.QuantileTransformer(
                       output_distribution='normal',
                       random_state=0) # 正态转换

df_trans = quantile_transformer.fit_transform(df)
df_trans = pd.DataFrame(df_trans)
# 因为 .fit_transform 转换出来的数据类型为Series，所以需要用pandas将其
# 转化为DataFrame

df_trans = df_trans.rename(columns={0: "ATM_POS", 1: "TBM", 2:
"CSC"})
df_trans.head()
```

百分位秩转换后的部分数据如图7-7所示。

	ATM_POS	TBM	CSC
0	-0.501859	-0.265036	0.770485
1	0.097673	-0.154031	1.316637
2	0.952085	1.168354	1.845934
3	-0.333179	-0.084688	-1.780166
4	-0.071278	-0.888898	-0.066404

图7-7   百分位秩转换后的数据（部分）

接着对新数据进行偏度计算、聚类、绘制结果饼图等操作，发现结果都正常

不少（图7-8）。

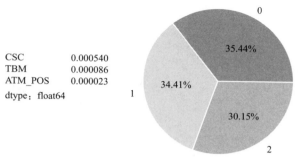

CSC   0.000540
TBM   0.000086
ATM_POS   0.000023
dtype：float64

图7-8　数据转换后的偏度和聚类结果

7.4　模型评估

算法不存在绝对的优劣，评估指标亦是如此。之所以介绍多种评价方式，是希望读者能够根据数据特征和实际业务需求来选择甚至组合使用。本节将结合轮廓系数和组内离差平方和这两个指标来共同判断。

```
data = df_trans.sample(1500)

# 这段代码的运行需要耐心等待一段时间
Ks = range(2, 10) # 聚类个数 k, 2～ 10个
rssds = [];  silhs = []   # 用来存储组内离差平方和和轮廓系数

for k in Ks:  # 逐个套入尝试
model = KMeans(n_clusters=k,  n_init=15)
# n_init 表示初始质心
    model.fit(data)
    rssds.append(model.inertia_)
    silhs.append( silhouette_score(data, model.labels_) )
```

因为轮廓系数的计算过程很复杂，所以这段代码的第一行对数据进行随机抽样，选取1500个样本作为示范。之后设置k值分别取2 ～ 10之间的自然数，计算不同分类个数下的模型表现。for循环中，对KMeans函数指定一个叫n_init的参数，它指定运行算法的次数，每次运行时算法会使用不同的随机初始质心。默认情况下，n_init为10，也就是说，KMeans算法将在10个不同的初始质心下运行，然后返回最佳的聚类结果。通常情况下，增加n_init的值会增加算法的稳定性，但也会增加计算时间。因此，n_init的值应该根据具体问题的复杂性和数据

集的大小进行选择。

下面绘制折线图展示不同情况下的模型表现（图7-9）。

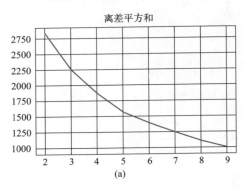
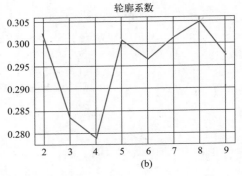

图7-9   不同聚类个数下的模型表现

图7-9（a）为离差平方和的变化折线图，它的值随k值的增加而下降，应该选择下降最显著的聚类个数，离差平方和从2个分类到3个分类的下降幅度是最大的，因此分3个类是最佳选择。而图7-9（b）为轮廓系数的变化折线图，应该选择最大值对应的k的数量。按道理应该选2，但其实2、3的差距仅0.018。所以结合这两个指标，我们选定$k=3$进行聚类。

7.5   结果分析

选定最佳聚类个数k并再次进行聚类后，按照簇的类别汇总CSC（选择柜台服务的客户）、ATM_POS（使用ATM和POS服务的客户）、TBM（选择有偿服务的客户）的分数均值，并以折线图的形式展现（图7-10）。

```
clustor_first.iloc[:, :-1].mean().plot()
clustor_second.iloc[:, :-1].mean().plot()
clustor_third.iloc[:, :-1].mean().plot()
plt.legend([0, 1, 2])
```

根据不同簇的客户ID，结合其他的数据分析方法和实际业务需求（本章仅展示数据分析算法，具体的业务分析方法见本书的数据分析方法版块），可以得到如表7-1所示的数据分析结果。

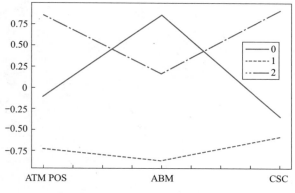

图7-10　各类别的指标平均值对比

表7-1　数据分析结果

类别	表现	猜测	名称
0	传统渠道（柜台服务、ATM和POS机刷卡等）使用频率都很低，新兴渠道（网络有偿服务等）使用频率高	手中资金不算充裕，但出于交易需要，新兴渠道使用较多	年轻潜力客户
1	使用新兴渠道的最少，传统渠道使用频率也较低	手中资金不算充裕的中老年客户	中价值中老年群体
2	传统渠道使用频率最高，使用新兴渠道的较少	手中资金充裕的中老年客户，需办理的业务种类多，但对新渠道不够熟悉。可以针对性介绍和推广给他们或其子女	高价值中老年客户

第 **8** 章

基于不平衡分类算法的反欺诈模型

不平衡分类的应用场景除识别欺诈客户外，还有客户违约和疾病检测等。只要是因变量中各分类的占比比较悬殊，就可对其使用一定的采样方法，以实现除模型调优外的精度提升。

8.1 不平衡分类背景

以往讲解的逻辑回归、决策树等模型所用的数据大多已经过抽样处理,即正负样本的数量大致相当,就像图8-1那样,也可以说正负样本的分类比较平衡。对于这样的数据,我们可以更好地把注意力集中在特定的算法上,而不被其他问题干扰。

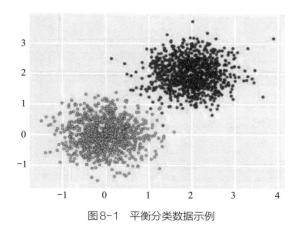

图8-1 平衡分类数据示例

但当我们面对真实的、未经加工过的数据时,会发现更多的情况是数据十分嘈杂且不平衡,很多真实数据看起来更像是如图8-2所示般毫无规律且零散。

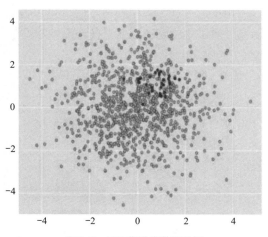

图8-2 不平衡分类数据示例

以根据患者体征来预测其患某种罕见病为例:未患病的数据样本占98%时,即使误将剩下患病的2%也都预测成"未患病",模型的整体准确率依然可高达98%。这样的模型给出的结果没有意义,因为两个类别对模型的影响能力差距悬殊,所以最好还是能拿到正负类比例接近的数据,这样模型预测出来的结果才可能有说服力。

➤ 可否直接分层抽样？即从占比多的0（负）类中随机抽出与占比少的1（正）类数目相当的数据量后，合并成一个新的数据集后再用于建模。

有时分层抽样的确是一个不错的方法。但在正类数据较少时，合并后的数据集仍可能因过小而无法用于建模。

这时候就需要改变数据的分布来达到平衡正负样本的效果，本章将介绍以下三种方法：

① 过采样：增加少数类样本的数量至与多数类样本数相同。

② 欠采样：减少多数类样本的数量至与少数类样本数相同。

③ 综合采样：将过采样与欠采样两种方法结合。

关于不平衡采样的数据处理方法，遵循如图8-3所示的步骤。

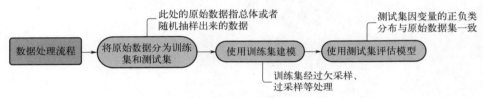

图8-3　不平衡数据处理方法流程

➤ 为什么数据处理的几种采样方法都只对训练集进行操作？

假设原始数据集的0-1比为1∶99，随机拆分成的训练集和测试集的0-1比也将是1∶99左右。保持"测试集中因变量的分布与原始数据一致"是为了给训练好的模型提供最真实的预测环境。

关于模型评估，有两点需要说明一下：

① 评估指标：使用精确度（precision）、召回率（recall）或ROC曲线（AUC）、f1-score和准确度召回曲线（precision-recall curve）；不要使用准确度（accuracy）。

② 不要使用模型给出的标签，而是要概率估计；概率估计之后，不要盲目地使用0.50的决策阈值来区分类别，应该在检查表现曲线之后再自己决定使用哪个阈值。

上述两点提示的具体原因可参考3.3节中相关内容。

8.2　欠采样法

欠采样的核心是减少多数类的样本量。常用的方法有随机欠采样法、Tomek

Link法、edited nearest neighbors（ENN）、easy ensemble等。本节仅简单介绍前两种方法，读者可自行探索相关资料。

8.2.1　随机欠采样法

减少多数类样本最简单的方法是将多数类样本随机剔除。操作起来也很简单：事先规定好处理后的多数类和少数类的比例，根据这个比例随机选择多数类样本进行剔除，如图8-4所示。

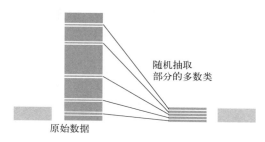

图8-4　随机欠采样示意

随机欠采样不受样本之间距离的影响；但会丢失一部分多数类样本的信息，以致无法充分利用原始数据的信息。

8.2.2　Tomek Link法

Tomek Link法一般用于处理分类的边缘，如图8-5所示。

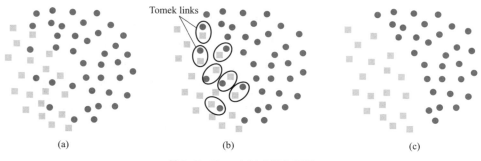

图8-5　Tomek Link法欠采样

如图8-5（a）所示，0、1两个类别之间并没有明显的分界。Tomek Link法处理过程为：将占比多的一类（●），与离它最近的一个占比少的类（■）配对后，将这个配对中的多数类的样本删去。

如图8-5（c）所示，处理后的分类边界更宽，因此该方法可用于数据清洗；相比于随机欠采样，剔除的多数类样本也更有迹可循，不至于损失过多数据信息。

但这种欠采样的方法通常无法达到平衡数据的要求。尽管删除了配对中的多数类，最后剩下的样本中很可能还是多数类的样本过多。所以还需要与过采样结合使用。

8.3 过采样法

过采样的核心是增加少数类的样本量，使数据集中正负类的比例接近或达到平衡，这样的数据也会使分类模型的表现更好。常用的有随机过采样（random over sampling）、SMOTE法、Borderline/K-Means/SVM Smote等。本节仅介绍前两种方法。

8.3.1 随机过采样法

与欠采样类似，随机过采样的原理如图8-6所示。

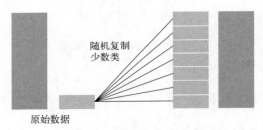

随机复制
少数类

原始数据

图8-6 随机过采样法示例

随机过采样并不是简单地"将原始数据集中的少数类乘指定的倍数"，而是少数类样本"按一定比例进行一定次数的随机抽样"，然后将每次随机抽样所得到的样本量叠加，最终达到与多数类样本数量相近/相同的效果。

随机过采样简单易行，不受样本间距离的影响。但任意两次的随机抽样中，可能会有被重复抽到的样本。所以经过多次随机抽样后叠加在一起的数据中可能会有不少的重复值，造成分类器过拟合。

8.3.2 SMOTE法

SMOTE（synthetic minority oversampling technique）即合成少数（的）类过采样技术。这里的"合成"步骤是要先对少数类样本进行分析，再根据少数类样本人工合成新的样本，并将其添加到原始数据集中，具体如图8-7所示。

SMOTE法操作比较简单，不受样本间距离的影响。但当正负类样本的分布过于零散时，可能会出现样本"入侵"的现象，容易造成分类模型过拟合。"样本入侵"的解释如图8-8所示。

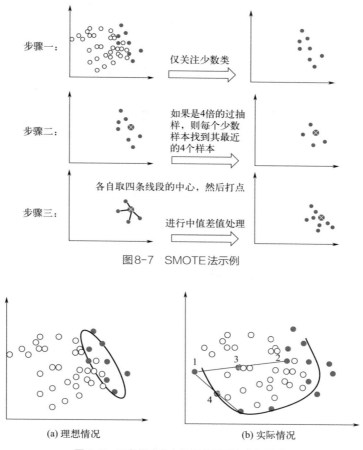

图8-7 SMOTE法示例

图8-8 正负样本分布的理想情况与实际情况

(a) 理想情况 　　　　　　 (b) 实际情况

从正负类的理想分布情况中可以看到,黑点(正类)的分布似乎可用一条线连起来;而现实情况中的样本往往太过分散,比如某种呈现出U形曲线的分布。这种情况下,SMOTE法的第四步进行中间插值处理后,可能这个新插入的点刚好就是某个白点(负类)所在的点。换句话说,尽管增加了因变量中少数类的样本数,但这些样本中部分样本的特征其实跟多数类是一样的,这样一来就有可能造成分类器过拟合。

8.4 综合采样法

对于正负类比例悬殊的数据,比如正样本(1)100个,而负样本(0)50000

个，使用欠采样法会造成数据缺失，甚至出现样本量无法达到基本建模需求的情况；过采样法则可能因部分少数类被重复复制多次而导致分类模型出现过拟合的现象。

这时可以采用稍微中庸一些的方法，即同时使用欠采样和过采样两种方法来解决不平衡分类问题，这种中规中矩的方法也被称为综合采样法。常用的有SMOTE+Tomek Link法和SMOTE+KNN法。

SMOTE+Tomek Link法首先利用SMOTE产生新的少数类样本，将数据集扩充后，再使用Tomek Link进行剔除"入侵"操作（Tomek Link法可以剔除边界点，也可用来进行数据清洗）。SMOTE+KNN法原理类似，这里不再赘述。

需要注意的是，综合采样法依然会存在欠采样和过采样的缺点，各种算法没有高低优劣之分。因为这些所谓算法的优缺点都只是理论上的，实际情况下还需结合数据分布和业务需求来灵活运用。

8.5　Python代码实战

Python中的imbalanced-learn包提供常用的不平衡分类采样方法，在命令行中键入pip install imbalanced-learn进行安装，具体可参考官方文档。

8.5.1　数据探索

为了方便叙述建模流程，这里准备了两个脱敏数据集，一个训练集，一个验证集（图8-9）。

```python
import pandas as pd
import numpy as np


train = pd.read_csv('imb_train.csv')
test = pd.read_csv('imb_test.csv')

print(f'训练集数据长度：{len(train)}，验证集数据长度：{len(test)}')
train.sample(3)
```

训练集数据长度：14000，验证集数据长度：6000

	X1	X2	X3	X4	X5	cls
11728	-0.798346	0.917818	-0.527146	-0.815086	-0.331668	0
1573	-0.359814	0.234667	0.345465	-1.138170	-0.855596	0
13206	-1.079470	1.245962	1.250653	-1.080787	-0.428932	0

图8-9　不平衡分类数据集

本节重在展示算法的使用，可无需理解变量含义。上述代码中的train为训练集，test为验证集，两份数据的结构相同：参数X1 ~ X5为自变量，经过了一系列的数据处理操作；cls为因变量（负类0——履约，正类1——违约）。

读入数据后，查看一下train和test中因变量的分类情况（图8-10）。

```
# 使用 collections 库里面的 Counter 函数来实现统计分类
from collections import Counter
print('训练集中因变量 cls 分类情况：{}'.format(Counter(train['cls'])))
print('验证集因变量 cls 分类情况：{}'.format(Counter(test['cls'])))
```

训练集中因变量 cls 分类情况：Counter({0: 13644, 1: 356})
验证集因变量 cls 分类情况：Counter({0: 5848, 1: 152})

图8-10 因变量分布情况

8.5.2 过采样处理

从图8-10可以看出，两份数据均高度不平衡。为了处理这个问题，我们使用过采样对数据进行填充处理。填充前需要先拆分自变量和因变量。注意，验证集不做任何处理，即保留严峻的比例来考验训练出来的模型。训练模型时用到的训练集才会经过处理，0-1比在1：1 ~ 1：10之间。

```
# 拆分自变量和因变量
y_train = train['cls'];          y_test = test['cls']
X_train = train.loc[:, :'X5'];  X_test = test.loc[:, :'X5']
print('不经过任何采样处理的原始 y_train 中的分类情况：{}'.format(Counter(
y_train)))

from imblearn.over_sampling import RandomOverSampler
# 采样策略 sampling_strategy = 'auto' 的 auto 默认抽成1：1，
# 如果想要另外的比例如1：5，甚至底线1：10，需要根据文档自行调整参数
# 先定义好模型，未开始正式训练拟合
ros = RandomOverSampler(random_state=0, sampling_strategy='auto')
X_ros, y_ros = ros.fit_resample(X=X_train, y=y_train)
print('随机过采样后，训练集 y_ros 中的分类情况：{}'.format(Counter(
y_ros)))

# 同理，SMOTE 的步骤也是如此
from imblearn.over_sampling import SMOTE
sos = SMOTE(random_state=0)
X_sos, y_sos = sos.fit_resample(X_train, y_train)
print('SMOTE过采样后，训练集 y_sos 中的分类情况：{}'.format(Counter(
```

```
y_sos)))

# 同理，综合采样( 先过采样再欠采样 )
# combine 表示组合抽样，所以 SMOTE 与 Tomek 这两个英文单词写在了一起
from imblearn.combine import SMOTETomek
kos = SMOTETomek(random_state=0)  # 综合采样
X_kos, y_kos = kos.fit_resample(X_train, y_train)
print('综合采样后，训练集 y_kos 中的分类情况：{}'.format(Counter(
y_kos)))
```

输出结果如图8-11所示。

不经过任何采样处理的原始 y_train 中的分类情况，Counter({0: 13644, 1: 356})
随机过采样后，训练集 y_ros 中的分类情况，Counter({0: 13644, 1: 13644})
SMOTE过采样后，训练集 y_sos 中的分类情况，Counter({0: 13644, 1: 13644})
综合采样后，训练集 y_kos 中的分类情况，Counter({0: 13395, 1: 13395})

图8-11　几种过采样方法处理原始数据的结果

两种过采样方法都将原来y_train中占比少的分类（正类1）的数量提高到与占比多的分类（负类0）的数量一致。因为综合采样在过采样后会使用欠采样，所以最终数量会稍微少一点。

8.5.3　决策树建模

数据处理结束后，使用决策树进行建模，读者也可自行改为随机森林或其他分类算法。有关决策树和梯度调优的介绍可回看以往的章节。

```
# 导入所需库
from sklearn.tree import DecisionTreeClassifier
from sklearn import metrics
from sklearn.model_selection import GridSearchCV

# 定义决策树
clf = DecisionTreeClassifier(criterion='gini', random_state=1234)
# 梯度优化的参数组合
param_grid = {'max_depth':[3, 4, 5, 6], 'max_leaf_nodes':[4, 6, 8,
10, 12]}
cv = GridSearchCV(clf, param_grid=param_grid, scoring='f1')
```

代码最后一行使用f1-score作为交叉验证的评判准则。因为我们希望模型在预测少数类的表现上要过关（即灵敏度要高），又不希望准确率过低，毕竟准确率和灵敏度本身就是一对矛盾体，任意一方单方面的提高一般以降低另一方为代价。所以选用结合这两个的指标的f1-score作为标准。

接下来对原始数据集和经过三种过采样方法处理的数据集使用相同的决策树

模型进行交叉验证，并将构建好的模型用于同样的验证集上进行评估。

```
# X_train，y_train 是没有经过任何操作的原始数据
# 第二组 ros 为随机过采样，第三组 sos 为 SMOTE 过采样
# 最后一组 kos 则为综合采样
data = [[X_train, y_train],
        [X_ros, y_ros],
        [X_sos, y_sos],
        [X_kos, y_kos]]


for features, labels in data:
    cv.fit(features, labels)   # 对四组数据分别做模型
    # 注意: X_test 是从来没被动过的，回应了理论知识中的
    # 使用比例优良的(1：1～ 1：10)训练集来训练模型，用残酷的(分类为1的仅
有 2%)验证集来考验模型
    predict_test = cv.predict(X_test)
    print('auc:%.3f' %metrics.roc_auc_score(y_test, predict_test),
            'recall:%.3f' %metrics.recall_score(y_test, predict_test),
            'precision:%.3f' %metrics.precision_score(y_test, predict_
test))
```

建模结果见表8-1。

表8-1 建模结果

数据集	Auc	recall	precision
原始数据	0.747	0.493	0.987
随机过采样	0.824	0.783	0.132
SMOTE 过采样	0.819	0.757	0.143
综合采样	0.819	0.757	0.142

8.5.4 结果分析与优化

从表8-1可以看出：

① 原始数据训练出来的模型精确度（precision）最高，但灵敏度（recall）较低，只有0.493。这意味着实际的正例（验证集中的少数类1）中仅有49%左右的概率会被模型识别出来。

② 而采用三种过采样法训练的模型，测试集上的灵敏度表现均较高，但精确度则下降较大。

最后具体选用哪个模型，不能仅靠一个指标来进行判断，需要结合实际业务需求进行分析。对于有些场景，我们更注重精确度，比如股票预测。而一些医疗

场景则是召回率更加重要，即能在实际得病的人（正例1）中尽量预测得更加准确，这样才更有可能让病人得到及时的治疗。

另外，通过加大正例的权重或减小负例的权重，也可以很方便地处理不平衡问题，可通过参数class_weight来设置类的权重。

```
# 采用改变样本权重的方法
param_grid2 = {'max_depth':[3, 4, 5, 6],
               'max_leaf_nodes':[4, 6, 8, 10, 12],
               'class_weight':[{0:1, 1:5}, {0:1, 1:10}, {0:1,
1:15}]}

# clf 是已经定义好的决策树
cv2 = GridSearchCV(clf, param_grid=param_grid2, scoring='f1')
```

class_weight由一个含有多个字典的列表组成，每个字典中的第一组元素表示数据集中类别名的比例（有些不一定是0和1，还可能是1和−1），第二组表示希望设置成的权重。这样在网格搜索时，就会按照0∶1分别为1∶5、1∶10、1∶15逐个进行尝试。需要注意的是，这个权重比例并不是简单地将占比少的y=1的数据乘以相应倍数，而是在计算模型精度时才派上用场，即如果模型预测错一个y=1的，就相当于预测错5/10/15个。

```
# 还是需要在原始的数据集上使用权重法
cv2.fit(X_train, y_train)
predict_test2 = cv2.predict(X_test)

print('auc:%.3f' %metrics.roc_auc_score(y_test, predict_test2),
      'recall:%.3f' %metrics.recall_score(y_test, predict_test2),
      'precision:%.3f' %metrics.precision_score(y_test, predict_
test2))

cv2.best_params_
```

权重法处理结果如图8-12所示。

auc:0.806 recall:0.618 precision:0.740

{'class_weight': {0: 1, 1: 5}, 'max_depth': 4, 'max_leaf_nodes': 12}

图8-12 权重法处理结果

可以看到在当前的网格空间下，负例和正例的权重比设置在1∶5时，能兼顾recall和precision，即能取得f1-score的最大化。

第 **9** 章

主成分分析实现客户信贷评级

　　大样本的数据集固然能提供丰富的信息，但也会在一定程度上增加问题的复杂性。如果我们分别对每个指标进行分析，往往得到的结论是孤立的。但是盲目地减少分析的指标，又会损失很多有用的信息。所以我们需要找到一种合适的方法，一方面可以减少分析指标，另一方面尽量减少原指标的信息损失。

假设检验、回归、决策树等章节介绍了如何使用统计学和模型算法的方法来剔除不相关的变量；本章介绍的主成分分析（principal component analysis，以下简称PCA）则是借助维度分析的手段进行无关变量的剔除。

9.1　PCA中的信息压缩

如果把信息压缩这四个字拆成"信息"和"压缩"这两部分来看的话，便会有如下值得探究的问题。

➢ 信息压缩中的信息指什么？

其实各种数据、变量都可被称为信息，而统计学家们常把方差当作信息。在做描述性统计分析的时候，只要是能够表现出数据变异情况的统计量都可以被称作信息，如方差、极差等。以方差为例，方差变化越大，数据分布越分散，涵盖的信息就越多。

➢ 什么样的信息/变量才能被压缩？

① 只有相关性强的变量才能被压缩。如果变量间的关系几乎是独立的却依然被强制压缩，则会大大加剧信息的损失程度。压缩应以尽可能损失最少的信息为前提。

② PCA只能针对连续变量来进行压缩，分类变量则不行。因为分类变量之间可以说是完全独立的，并没有正负两种相关性，如性别男和性别女之间就是独立的。如果一定也要将分类变量压缩的话，通常会对它们进行WOE（weight of evidence，证据权重）转换，之后再进行压缩。所以分类变量其实是没办法进行单独压缩的，因为没有对应的算法。有些人可能会直接对分类变量间进行卡方检验，然后把p值大的删去一些，这个应该被划分为统计学人工处理的范畴，并不属于算法，所以这里不做赘述。

➢ 有哪些压缩的方法？

压缩信息其实就是降低数据维度。总的来说有两种方法：一种是特征消除，另一种是特征提取。

① 特征消除：如上一问提到的采用卡方检验这样非算法的方式，又或者直接决策需要删掉哪些变量。缺点是这可能会使我们丢失特征中的很多信息。

② 特征提取：通过组合现有特征来创建新变量，可以尽量保存特征中存在的信息。PCA就是一种常见的特征提取方法，它会将关系紧密的变量用尽可能少的新变量代替，且这些新变量是两两不相关的。

▷　压缩后的信息与原来的有什么不同？

需要明确的是，PCA操作后得到的主成分均没有什么实际意义，如果希望得到的压缩后的变量是有意义的，可以考虑变量聚类。

9.2　主成分分析原理

9.2.1　信息压缩的过程

图9-1为两个正态分布的变量间可能存在的三种关系（不相关、强正相关、强负相关）的示意图。其中，正态分布和相关系数为0.9是为了从比较理想化的角度来解释变量压缩的步骤。

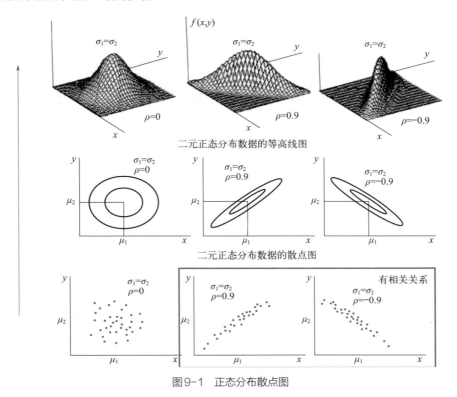

图9-1　正态分布散点图

可以看到，若两变量间的关系是较强的正/负相关，把散点图的范围圈起来的话，呈现的都是较扁的椭圆；反之，完全独立的两个变量的分布更像是一个肥胖的圆形。关于压缩过程我们依旧对以下几个常见的问题进行解释。

➤ 如何通过散点图理解信息压缩？

这涉及PCA中很重要的一个知识点：坐标轴旋转。旋转了坐标轴的散点图示意如图9-2所示。

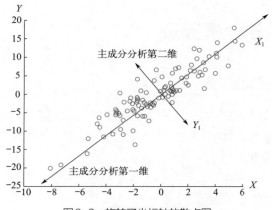

图9-2　旋转了坐标轴的散点图

➤ 旋转坐标轴的作用？

旋转后的坐标轴与原坐标轴一样，都是正交（垂直）的。这样的旋转方式可以使两个相关变量的信息在坐标轴上得到最充分的体现（如果以极差作为信息，则点在X_1的投影范围最长）。之后便可从短轴方向来压缩，当这个椭圆被压扁到一定程度时，短轴上的信息就可以忽略不计，这样一来便能达到信息压缩的目的（图9-3）。

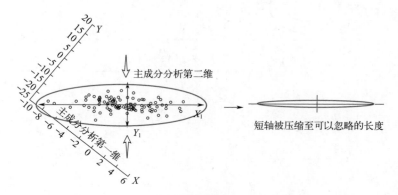

图9-3　坐标轴压缩

➤ 如果有三个变量该如何压缩？

三维的也是如此，只不过是由椭圆变成椭球（三个变量都相关，如图9-4所示）。步骤还是一样，找到最长轴后，在轴上做切面，切面一旦有了，便又回归到二维的情况。这时可以找到次长轴和最短轴，可以依次提取。当我们认为最短轴可以忽略不计的时候，就可起到信息压缩的作用。

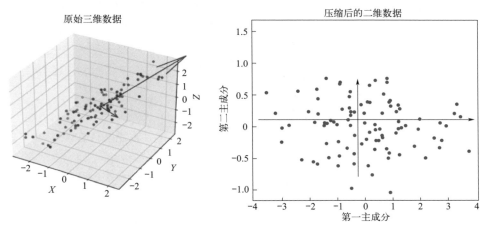

图9-4　三维信息的压缩

　　要注意的是如果呈球形分布，则说明变量间没有相关关系，没有必要做主成分分析，也不能做变量的压缩。

9.2.2　主成分的含义

　　PCA压缩数据后得到的主成分并没有什么实际意义，比如五个变量压缩成两个主成分P_1和P_2（图9-5）。

ID		X_1	X_2	X_3	X_4	X_5
0	1	76.5	81.5	76.0	75.8	71.7
1	2	70.6	73.0	67.6	68.1	78.5
2	3	90.7	87.3	91.0	81.5	80.0
3	4	77.5	73.6	70.9	69.8	74.8
4	5	85.6	68.5	70.0	62.2	76.5
5	6	85.0	79.2	80.3	84.4	76.5
6	7	94.0	94.0	87.5	89.5	92.0
7	8	84.6	66.9	68.8	64.8	66.4
8	9	57.7	60.4	57.4	60.8	65.0
9	10	70.0	69.2	71.7	64.9	68.9

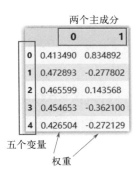

两个主成分

	0	1
0	0.413490	0.834892
1	0.472893	-0.277802
2	0.465599	0.143568
3	0.454653	-0.362100
4	0.426504	-0.272129

五个变量　　　　　权重

图9-5　五个变量压缩成两个主成分

这两个主成分中的组成等式为

$$P_1 = 0.41X_1 + 0.47X_2 + \cdots + 0.42X_5$$
$$P_2 = 0.83X_1 - 0.27X_2 + \cdots - 0.27X_5$$

等式右边的系数正负与否并没有什么意义，看绝对值即可。第一个主成分 P_1 受五个变量的影响程度无明显差别，权重都在0.41 ~ 0.48间。主成分 P_2 受第一个变量的影响最大，权重系数为0.83，受第三个变量影响最小，权重为0.14。

➤ 那么如何知道应该压缩成几个主成分？

PCA的功能是压缩信息，压缩后的每个主成分都能够解释一部分信息的变异程度（统计学家喜欢用方差表示信息的变异程度）。所以，只需要满足解释信息的程度达到一定的值即可，步骤如下：

① 计算每个成分因子的解释方差。

② 每增加一个主成分的同时，叠加其解释方差，得到累积解释方差。

③ 选取前几个主成分累积的解释方差能够达到80% ~ 90%。

从图9-6可以看出，随着成分数目的增加，累积解释方差逐渐增加。当主成分因子数为3时，发现它再增加对累积解释方差没有太大的影响。值得注意的是，不建议使得累积解释方差等于1，这将导致有些主成分带来冗余信息，通常等于0.85就可以。所以综合来看，压缩成2 ~ 3个主成分是最合适的。

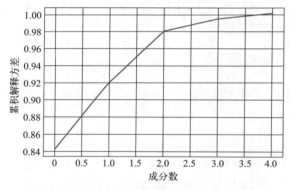

图9-6　主成分个数与累积解释方差的关系折线图

9.3　Python实现主成分分析

案例背景：某金融服务公司为了解贷款客户的信用程度和评价客户的信用等级，采用信用评级常用的5C（品格character，能力capacity，资本capital，担保collateral，环境condition）方法，来预测客户违约的可能性。本次实战将围绕综合打分这个目标进行，即只选出一个主成分的情况来实现客户信用评级。

首先导入相关包进行探索性分析。

```
import pandas as pd
```

```
import numpy as np
import matplotlib.pyplot as plt
plt.style.use('seaborn-whitegrid')
plt.rc('font', **{'family': 'Microsoft YaHei, SimHei'})
# 设置中文字体的支持


df = pd.read_csv('loan_apply.csv')
df
```

银行客户数据如图9-7所示。

	ID	品格	能力	资本	担保	环境
0	1	76.5	81.5	76.0	75.8	71.7
1	2	70.6	73.0	67.6	68.1	78.5
2	3	90.7	87.3	91.0	81.5	80.0
3	4	77.5	73.6	70.9	69.8	74.8
4	5	85.6	68.5	70.0	62.2	76.5
5	6	85.0	79.2	80.3	84.4	76.5
6	7	94.0	94.0	87.5	89.5	92.0
7	8	84.6	66.9	68.8	64.8	66.4
8	9	57.7	60.4	57.4	60.8	65.0
9	10	70.0	69.2	71.7	64.9	68.9

图9-7　银行客户数据

参数解释如下：

- 品格：指客户的名誉。
- 能力：指客户的偿还能力。
- 资本：指客户的财务实力和财务状况。
- 担保：指对申请贷款项担保的覆盖程度。
- 环境：指外部经济政策环境对客户的影响。

进行主成分分析前，一定要对数据进行相关分析，因为相关性较低或独立的变量不可做PCA。

```
# 求解相关系数矩阵，证明做主成分分析的必要性
## 丢弃无用的 ID 列
data = df.drop(columns='ID')


import seaborn as sns
sns.heatmap(data.corr(), annot=True)
# annot=True：显示相关系数矩阵的具体数值
```

相关系数热力图如图9-8所示。

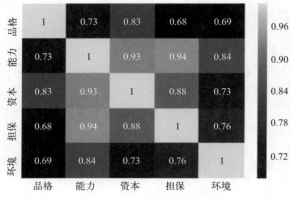

图9-8 相关系数热力图

发现变量间相关性都比较高，几乎都大于0.7，尤其是资本-能力和担保-能力这两对变量的相关性甚至高达93%、94%，所以很有做PCA的必要。

建模前，数据需要进行标准化处理，通常使用中心标准化，也就是将变量都转化成Z分数的形式（偏离平均数的标准差个数），这样才能防止量纲问题带来的影响。比如身高-体重的量纲1.78-59与178-60在散点图上的显示会有很大区别。

```
from sklearn.preprocessing import scale
data = scale(data)
```

使用sklearn进行PCA分析时，需要注意：

① 第一次的n_components参数最好设置得大一些（先尽可能多地保留主成分）。

② 观察explained_variance_ratio_取值变化，即每个主成分能够解释原始数据变异的比例。

```
from sklearn.decomposition import PCA
pca = PCA(n_components=5)        # 与变量个数相同的主成分数
pca.fit(data)   # 拟合数据
```

累积解释方差列表如图9-9所示。

```
pca.explained_variance_ratio_
array([0.84223701, 0.07667191, 0.0594929 , 0.01591189, 0.00568629])
```

图9-9 累积解释方差列表

可以看到，对于标准化后的数据，仅使用一个主成分就能解释原始变量84%

的变异，因此我们选择只保留一个主成分。这里可以把主成分向量打印出来先观察一下。

```
pca_components = pd.DataFrame(pca.components_).T
pca_components.index = df.iloc[:, 1:].columns
pca_components
```

	0	1	2	3	4
品格	0.413490	0.834892	0.132341	0.290484	0.173456
能力	0.472893	-0.277802	-0.134356	-0.277594	0.777231
资本	0.465599	0.143568	-0.382387	-0.596072	-0.510964
担保	0.454653	-0.362100	-0.365296	0.692462	-0.221879
环境	0.426504	-0.272129	0.827511	-0.061288	-0.235606

图9-10　主成分向量

图9-10提供了每个主成分在原始变量上的权重（列变量为主成分）。以前两列，即前两个主成分向量为例：第一个主成分在所有变量上的权重分布得很均匀，可以当成是一个具有综合考量作用的主成分；第二个主成分则明显"偏袒"品格，在品格这一变量上的权重大大高于在其他变量上的权重（需要忽略正负号），因此它主要代表品格这个变量。

在确定留下的主成分个数（1～2个）后，便可使用主成分来对原始数据打分。

```
# 重新选择主成分个数进行建模
pca = PCA(n_components=1).fit(data)
new_data = pca.fit_transform(data)
# fit_transform 表示将生成降维后的数据，即打分


# 查看规模差别
print("原始数据集规模：   ", data.shape)
print("降维后的数据集规模:", new_data.shape)


results = df.join(pd.DataFrame(new_data, columns=['PCA']))
# 与原来的数据拼接
results.sort_values(by=['PCA'], ascending=False)
# 按照主成分的打分降序排列
```

上一段代码中的pca_components是为了显示主成分向量，从而知晓主成分在原始变量上的权重；而此段代码的pca.fit_transform(data)是将数据降维，输出每个样本的主成分得分，要注意区分。

最终每位客户的得分如图9-11所示，可以发现，贷款给7号客户风险最低，

给9号客户的风险最高。

	ID	品格	能力	资本	担保	环境	PCA
6	7	94.0	94.0	87.5	89.5	92.0	3.960102
2	3	90.7	87.3	91.0	81.5	80.0	2.603684
5	6	85.0	79.2	80.3	84.4	76.5	1.389937
0	1	76.5	81.5	76.0	75.8	71.7	0.267437
3	4	77.5	73.6	70.9	69.8	74.8	-0.440204
4	5	85.6	68.5	70.0	62.2	76.5	-0.678219
1	2	70.6	73.0	67.6	68.1	78.5	-0.775172
7	8	84.6	66.9	68.8	64.8	66.4	-1.310850
9	10	70.0	69.2	71.7	64.9	68.9	-1.486076
8	9	57.7	60.4	57.4	60.8	65.0	-3.530640

图9-11　PCA打分结果

本节案例涉及的变量较少，压缩出来的主成分或许还能从业务层面来解释，但当参与分析的变量变得庞大且繁杂的时候，盲目压缩得到的主成分可能就没什么意义了。所以在现实业务中，需要从变量的相关性和业务需求分析的角度出发，这样得出的结论才更容易被理解和推广，而不是一股脑地把所有变量都塞给算法。

第 10 章

Apriori算法实现智能推荐

智能推荐和广泛的营销有所不同，后者以"将产品卖给客户"作为目标；而智能推荐是以"更好地满足客户需求"为导向，以给客户带来价值为宗旨。

本章将介绍购物篮与关联规则，并使用Apriori算法来实现以"获得最高的营销响应率"或"最大化总体销售额"为目标时，在顾客付费成功的页面上应该推荐什么产品，以及如何向顾客推荐捆绑销售的产品。

10.1　常见的推荐算法

常见的推荐算法见表10-1。

表10-1　常见的推荐算法

分类	算法
基于客户需求的推荐	分类模型（逻辑回归、决策树等）
基于购物篮的推荐	关联规则
基于物品相似性的推荐	基于Item的协同过滤
基于用户相似性的推荐	基于User的协同过滤、各种相似度度量、KNN等
基于内容的推荐	关联规则或SVD方法
市场细分	K-Means

以上算法适用于有销售记录的产品，可用于电商的套餐设计与产品摆放等。

10.2　购物篮分析简介

单个客户一次购买的商品总和称为一个购物篮，也可以理解成客户某次购物的消费小票。购物篮分析对超市货架布局（互补品与互斥品）和套餐设计非常有帮助。

➤ 购物篮分析的常用算法是什么？

① 不考虑购物顺序：关联规则。可以将购物篮分析看作因果分析，关联规则是一个便于发现两样商品间因果关系的算法。共同提升的关系表示两者是正相关，可作为互补品。互补品是需要与另一种商品一起消费的商品：比如羽毛球拍和羽毛球。负相关则表示两者是替代品，即两种商品因为功能相似而可以互相代替满足消费者的同一种欲望或需求，比如电子书和纸质书、雨伞和雨衣。

② 考虑购物顺序：序贯模型。可看作关联规则的升级，多在电商中使用。比如今天用户将这个商品加入了购物车，过几天又将另一个商品加入购物车，这就有了一个前后顺序。但许多线下实体商店因为没有实名认证，所以无法记录用户的消费顺序。

➤ 得出互补品与互斥品后对超市货架布局的帮助在哪里？

根据关联规则求出商品间的关联关系后，进一步细化会发现商品间存在强关联、弱关联和排斥这三种关系，每种情形有各自对应的布局方式。

① 强关联：关联强度的值应视实际情况而定，不同行业会有所差异。强关联的商品彼此陈列在一起会提高双方的销售量。而强关联又可细分为：

- 双向关联：即A产品旁边有B，B产品边上也一定会有A。例如常见的剃须膏与手动剃须刀、男士发油与定型梳。
- 单向关联：两样商品的关系属于单向关联时，只需要被关联的商品陈列在关联商品旁边就行。如大瓶可乐旁边摆纸杯，而纸杯旁边则不摆大瓶可乐。毕竟买大瓶可乐的消费者大概率需要纸杯，而购买了纸杯的顾客再购买大可乐的概率不大（纸杯和大可乐两样商品本来就不在同一个区，一个是日用品区，另一个是食品饮料区）。

② 弱关联：关联度不高的商品，可以尝试摆在一起，然后再分析关联度是否有变化，如果关联度大幅提高，则说明原来的弱关联有可能是陈列不当造成的。

③ 排斥关系：指两个产品基本上不会出现在同一张购物小票中，这种商品尽量不要陈列在一起。

根据购物篮的信息来分析的商品关联度不仅仅只有如上三种关系，它们仅代表商品关联分析的一个方面（可信度）。全面系统的商品关联分析必须有"三度"的概念：支持度（support）、可信度（有时也被叫作置信度，confidence）和提升度（业内俗称关联三度）。

➢ 既然都是探索关联性，为什么不能只用相关系数分析？

相关系数只能简单地说明这两者存在相关关系，无法给我们提供更多有价值的内容。比如"这一相关关系的主导方是谁？到底是哪一方的上升（下降）导致另一方跟着上升（下降）"，或者"这一相关关系的可信程度有多少？"之类的信息。

以"吃雪糕人数-中暑人数"这一关联为例，示例数据集及相关系数热力图如图10-1所示。

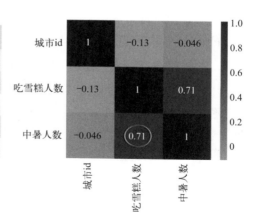

图10-1　示例数据集（5条）及相关系数热力图

通过对数据集求解相关系数矩阵，我们惊讶地发现：某一时期不同城市"吃雪糕人数"和"中暑人数"这两列的皮尔森相关系数高达0.71。但应该不会有数据分析师会就此得出结论："吃雪糕越多，越容易中暑。"最多只能说"吃雪糕和中暑两种现象存在较强相关关系"。究其原因，可能只是因为炎热的夏天到了。而商品间的相关关系更为复杂，相关系数显然已经不够用。

10.3   关联规则

关联规则能在大型数据集中发现事物之间的相关关系。这里的事物包括产品、事件等，比如什么样的商品会被一起购买，什么疾病会相继出现。

10.3.1   关联三度

分析商品间的关系中，关联三度这个概念（图10-2）常被提及。

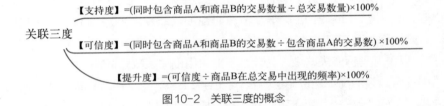

关联三度

【支持度】=(同时包含商品A和商品B的交易数量÷总交易数量)×100%

【可信度】=(同时包含商品A和商品B的交易数÷包含商品A的交易数)×100%

【提升度】=(可信度÷商品B在总交易中出现的频率)×100%

图10-2   关联三度的概念

直接根据关联三度所定义的概念去理解并不容易，这里提供一些通俗易懂的理解角度。假设这个规则名为"A对B（A→B）"：

① 支持度：在所有交易中同时出现关联商品的概率，即有多少比重的顾客会同时购买关联商品。支持度反映了这个规则的普遍程度。

② 可信度（置信度）：是一种条件概率，表示顾客购买了A产品后再购买B产品的概率。

$$P(B|A) = P(AB) \div P(A)$$

③ 提升度：指商品A对提升商品B销售情况的影响程度。

图10-3为关联三度计算方式示意图。先看支持度。分母都是5，也就是购物篮的数量。分子则是选取这个规则中的所有商品同时出现在一个篮子的次数。以A→D为例，同时包含A和D的篮子有2个，总的交易数量(篮子总数)有5个，所以规则A→D的支持度为2/5。

再看可信度。有商品A的篮子个数为3，在这三个篮子中，其中2个篮子又包含商品D，所以该规则的可信度为2/3。

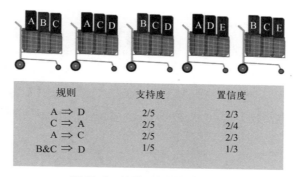

规则	支持度	置信度
A ⇒ D	2/5	2/3
C ⇒ A	2/5	2/4
A ⇒ C	2/5	2/3
B&C ⇒ D	1/5	1/3

图10-3　关联三度计算方式理解

> 当某个规则的支持度和可信度都很高时，是否能据此向购买了A的顾客推荐商品B？

虽然这两个度已经说明了不少问题，但不考虑提升度就贸然进行推荐的话，还是武断了点。看一个案例：在某食堂的1000份消费记录中，买米饭的有800人，买牛肉的有600人，同时买米饭和牛肉的有400人。那么可以得出对于规则"牛肉→米饭"，支持度=400/1000×100%=40%；可信度=P(米饭|牛肉)=400/600×100%=67%，可信度和支持度都比较高，但基于这一现象就给买牛肉的人推荐米饭有意义吗？显然是没有任何意义的。因为无任何干预下用户购买米饭的概率P(米饭)=800/1000=0.8，都已经大于买了牛肉的前提下再买米饭的概率0.67，毕竟米饭本来就比牛肉要畅销（牛肉可以不吃，饭不可以……）。

这个案例便引出提升度的概念：提升度=可信度/无条件概率=0.67/0.8。这里的无条件概率是指在没有任何干预下顾客购买B（被推荐的商品）的概率。规则X(A→B)的提升度为n时：向购买了A的客户推荐B的话，这个客户购买B的概率是其自然而然购买B的n×100%。生活中，消费者平日较少单独购买桌角防撞海绵，可能偶尔想到或自己小孩磕到的时候才会购买。如果在桌子（书桌、饭桌）成功下单的页面添加桌角防撞海绵推荐，则很大程度上可以提高防撞海绵的销量。

最后对关联三度做一个简短的小结：支持度反映这组关联商品的份额；置信度（可信度）代表关联度的强弱；而提升度则是看该关联规则是否值得推广，用了（客户购买后推荐）比没用（客户自然而然地购买）要提高多少。所以可以把1.0看成提升度的一个分界值，刚才的买饭案例中给买了牛肉的用户推荐米饭这种操作的提升度小于1（0.67/0.8）也就不难理解了。至于最小支持度和最小可信度的阈值该设置成多少，可视具体业务需求而定。

另外，高可信度的两个商品（假设达到了100%，意味着它们总是成双成对地出现），但如果支持度很低（份额低），那它对整体销售提升的帮助也不会大。

10.3.2 Apriori算法原理

Apriori是求解关联规则中的经典算法，实现步骤简洁易懂：将无序的商品根据客户分组成购物篮后，求解出所有的规则（可参考图10-3），并对每个规则求解支持度、可信度和提升度。算法背后的原理较为复杂，并不容易理解，所以如果所从事的工作与算法开发/优化关联不大，了解如何使用及其优缺点就已经足够了。

10.4 Python实现关联规则

Apriori算法的研究已经很成熟，用Python进行实战时无需逐步计算，直接调用现有函数即可。

10.4.1 数据探索

```python
import pandas as pd
import numpy as np
import matplotlib.pyplot as plt
import seaborn as sns
# 设置中文字体支持
plt.rc('font', **{'family': 'Microsoft YaHei, SimHei'})


df = pd.read_csv('bike_data.csv', encoding='gbk')
df.info(); df.head()
```

选择一份单车生产厂家提供的顾客订购数据，共52761条，展示5条（图10-4）。数据参数解释如下。

- OrderNumber：客户昵称。
- LineNumber：购买顺序，前三行分别表示同一个客户购买的三样商品的顺序。
- Model：商品名。

接下来看商品种类数和顾客数（图10-5）。

```python
print(f"数据集中共有 {df['Model'].
nunique()} 种商品")
```

```
<class 'pandas.core.frame.DataFrame'>
RangeIndex: 52761 entries, 0 to 52760
Data columns (total 3 columns):
 #   Column      Non-Null Count  Dtype
---  ------      --------------  -----
 0   OrderNumber  52761 non-null  object
 1   LineNumber   52761 non-null  int64
 2   Model        52761 non-null  object
dtypes: int64(1), object(2)
memory usage: 1.2+ MB
```

	OrderNumber	LineNumber	Model
0	cumid51178	1	山地英骑
1	cumid51178	2	山地车水壶架
2	cumid51178	3	运动水壶
3	cumid51184	1	山地英骑
4	cumid51184	2	hl山地外胎

图10-4 示例数据集信息

```
print(f"数据集中共有 {df['OrderNumber'].nunique()} 个顾客")
# nunique() 函数可以达到自动去重的效果

model_names = df['Model'].unique()
print("商品名分别为: ")
# 5 个为一行显示
for i in range(0, len(model_names), 5):
        print(model_names[i:i+5])
```

数据集中共有 37 种商品
数据集中共有 21255 个顾客
商品名分别为:
['山地英骑' '山地车水壶架' '运动水壶' 'hl山地外胎' '山地车内胎']
['运动型头盔' '普通公路车' '公路车内胎' 'hl公路外胎' '竞速公路车']
['公路车水壶架' '长袖骑车衣' '山地车挡泥板' '自行车帽' '山地车400']
['ml山地外胎' '修补工具' '山地车500' '公路车550' '短袖经典车衣']
['旅游型自行车(大)' '竞速袜' '半掌手套' '公路车350' 'ml公路外胎']
['水壶包' '旅游型自行车(小)' '旅游型自行车(中)' '旅游车内胎' 'll公路车外胎']
['旅游自行车外胎(通用)' '万能自行车座' '洗车喷剂' '经典背心' 'll山地胎']
['故障枪钩' "Women's Mountain Shorts"]

图10-5　商品种类数和顾客数

　　查看最畅销的15种商品并将其可视化（图10-6），为后续贯彻"畅销品带动非畅销品"的销售推荐宗旨做铺垫。

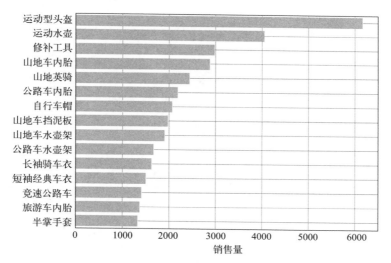

图10-6　最畅销的15种商品

```
# 最畅销的 15 种商品
   ## 往 reset_index 中添加 name 参数可快速重命名列
grouped = df.groupby('Model')['Model'].count().reset_index(name=
'count')
top_15 = grouped.sort_values(by='count', ascending=False).head(15)
```

```
plt.figure(figsize=(8, 6))
sns.barplot(data=top_15, x='count', y='Model')
plt.grid(True)
```

10.4.2　Apriori实现关联规则

这里笔者提供了Apriori.py模块（读者可以查看里面的代码，了解学习运算过程），把它放在和jupyter notebook文件同一个目录下就可以直接作为模板被调用。首先生成购物篮，即将同一个客户购买的所有商品放入同一个购物篮。Apriori包中dataconvert函数需要传入的参数解释如下。

- arulesdata：数据集（DataFrame类型）。
- tidvar："分类的索引"，即划分购物篮的标准（object类型）。本案例是根据客户昵称OrderNumber来分类的。
- itemvar：将什么东西放进篮子里，本案例是将数据集中的商品，即Model列放入篮子（object类型）。
- data_type：默认选择'inverted'，库中提供的不变。

只要将需要传入的参数类型弄对，直接套用就不是什么难事，结果如图10-7所示。

```
import Apriori as apri
# 需要稍微等待一下
baskets = apri.dataconvert(arulesdata=df, tidvar='OrderNumber',
                           itemvar='Model', data_type='inverted')


# 购物篮个数刚好等于数据集中的客户数量
print(f'购物篮数量：{len(baskets)}')
print(f'客户数量：{df["OrderNumber"].nunique()}')
'''  购物篮数量：21255
客户数量：21255     '''


# 预览前五个购物篮中的物品
baskets[:5]
# 返回的购物篮是一个大列表，大列表中的每一个小列表表示一个篮子
```

```
[['普通公路车', '公路车水壶架'],
 ['运动型头盔', '旅游型自行车(中)'],
 ['山地英骑', '山地车水壶架', '运动水壶'],
 ['万能自行车座', '公路车内胎', 'HL公路外胎', '普通公路车'],
 ['普通公路车', '公路车水壶架', '运动水壶', '运动型头盔', '长袖骑车衣']]
```

图10-7　预览前五个购物篮中的商品

生成关联规则，首先要满足支持度的要求，太小则直接被删除。支持度的大

小可根据关联规则的多少调整，如果关联规则很少，可根据实际情况放宽支持度的要求。相关参数说明如下。

- dataset：apri.dataconvert 生成的购物篮。
- minSupport：最小支持度阈值。
- minConf：最小置信度阈值。
- minlen：规则最小长度。
- maxlen：规则最大长度，一般设为2就够了。

这里，minSupport 或 minConf 设定越低，产生的规则越多，计算量也就越大。具体每个参数该设置成多少，还得根据实际业务需求考量（结果如图10-8所示）。

```
result = apri.arules(dataset=baskets, minSupport=0.01, minConf=0.1,
                     minlen=1, maxlen=2)

result.head(5)  # 会自动根据支持度和置信度的值计算出提升度 lift
```

	lhs			rhs	support	confidence	lift
0	(山地车内胎)		==>	(II山地胎)	0.021077	0.154058	4.098245
1	(II山地胎)		==>	(山地车内胎)	0.021077	0.560701	4.098245
2	(旅游自行车外胎(通用))		==>	(修补工具)	0.010115	0.244041	1.723285
3	(修补工具)		==>	(旅游车内胎)	0.017031	0.120266	1.829813
4	(旅游车内胎)		==>	(修补工具)	0.017031	0.259127	1.829813

图10-8　Apriori实现关联规则结果节选

结果说明（以result第一行为例）如下。

- lhs：被称为左手规则，通俗理解即用户购买的商品（山地车内胎）。
- rhs：被称为右手规则，通俗理解即根据用户购买某商品来推荐的另一件商品（II山地胎）。
- support：支持度。山地车内胎和II山地胎同时出现在一张购物小票中的概率。
- confidence：置信度。在购买山地车内胎的前提下，同时购买II山地胎的概率。
- lift：提升度。向购买了山地车内胎的客户推荐II山地胎的话，这个客户购买II山地胎的概率是这个客户自然而然购买II山地胎的400%左右，即高了约300%的购买可能性。

10.4.3　筛选互补品与互斥品

```
# 互补品
# lift 提升度首先要大于1，然后再排序选择自己希望深究的前 n 个
```

```
hubu = result[result['lift'] > 1].sort_values(by='lift',
ascending=False).head(5)

# 互斥品
huchi = result[result['lift'] < 1].sort_values(by='lift',
ascending=True).head(5)
```

筛选出的互补品与互斥品部分数据如图10-9所示。

	lhs		rhs	support	confidence	lift
71	(旅游自行车外胎(通用))	==>	(旅游车内胎)	0.035662	0.860386	13.090553
70	(旅游车内胎)	==>	(旅游自行车外胎(通用))	0.035662	0.542591	13.090553
93	(hl公路外胎)	==>	(公路车内胎)	0.025970	0.686567	6.585282
92	(公路车内胎)	==>	(hl公路外胎)	0.025970	0.249097	6.585282
65	(公路内胎)	==>	(ml公路外胎)	0.027288	0.261733	6.250710

(a) 互补品 (节选)

	lhs		rhs	support	confidence	lift
91	(长袖骑车衣)	==>	(运动水壶)	0.010303	0.133374	0.695501
85	(公路车水壶架)	==>	(运动型头盔)	0.017690	0.220917	0.760911
24	(自行车帽)	==>	(运动型头盔)	0.021924	0.222434	0.766139
44	(山地车挡泥板)	==>	(运动水壶)	0.014444	0.152433	0.794888
45	(ml公路外胎)	==>	(运动型头盔)	0.010398	0.248315	0.855279

(b) 互斥品 (节选)

图10-9　互补品与互斥品

注意，不要期望每个规则都有意义，要结合业务思考。比如竞速型赛道自行车与运动水壶互斥实属正常，毕竟竞速讲究轻量化，所以互斥产品会成对出现；而购买山地车的顾客可能有越野需求，山路不平整容易导致爆胎，所以大多会和山地车内外胎一起购买。

10.5　根据关联规则结果推荐商品

对用户推荐商品依然需要结合业务需求而非盲目推荐，这里讲解三种推荐情形：

① 获得最大营销响应率？看置信度，越高越好。

② 销售最大化？看提升度，越高越好。

③ 用户未产生消费，我们向其推荐商品？

10.5.1　以获得最高的营销响应率为目标

某个新客户刚刚下单了英骑牌山地车这个产品，如果希望获得最高的营销响应率，那么在他付费成功页面上最应该推荐什么产品？

```
# 使用的是左手规则：lhs(left hand rule)。lhs 表示的是购买的产品
  ## 使用 frozenset 来对字典的键进行选择
purchase_good = result[result['lhs'] == frozenset({'山地英骑'})]
# 根据置信度排序
purchase_good.sort_values(by='confidence', ascending=False)
```

根据图10-10，应该首先推荐"山地车挡泥板"。从这个推荐列表也可以看出，山地英骑顾客群体中，有越野需求的占比可能较大，所以他们通常会一并购买修补工具、山地车内外胎（山路不平整爆胎时使用）和运动型头盔（安全防摔）。

	lhs		rhs	support	confidence	lift
62	(山地英骑)	==>	(山地车挡泥板)	0.034345	0.294711	3.110273
95	(山地英骑)	==>	(山地车水壶架)	0.034110	0.292693	3.205144
73	(山地英骑)	==>	(运动型头盔)	0.033404	0.286637	0.987274
97	(山地英骑)	==>	(运动水壶)	0.027711	0.237788	1.239984
76	(山地英骑)	==>	(hl山地外胎)	0.023524	0.201857	3.223495
80	(山地英骑)	==>	(山地车内胎)	0.015573	0.133629	0.976717
37	(山地英骑)	==>	(修补工具)	0.015385	0.132015	0.932216

图10-10 以最高响应率为目标时的可选推荐商品

10.5.2 以最大化总体销售额为目标

这时候就可以根据提升度进行排序。依然以某个新客户刚下单了"山地英骑"这个产品为例，如果希望最大化提升总体的销售额，那么在他付费成功的页面上应该推荐什么产品？

```
purchase_good.sort_values(by='lift', ascending=False)
```

结果如图10-11所示。

	lhs		rhs	support	confidence	lift
76	(山地英骑)	==>	(hl山地外胎)	0.023524	0.201857	3.223495
95	(山地英骑)	==>	(山地车水壶架)	0.034110	0.292693	3.205144
62	(山地英骑)	==>	(山地车挡泥板)	0.034345	0.294711	3.110273
97	(山地英骑)	==>	(运动水壶)	0.027711	0.237788	1.239984
73	(山地英骑)	==>	(运动型头盔)	0.033404	0.286637	0.987274
80	(山地英骑)	==>	(山地车内胎)	0.015573	0.133629	0.976717
37	(山地英骑)	==>	(修补工具)	0.015385	0.132015	0.932216

图10-11 以最大化总体销售额为目标

hl牌山地车外胎是一个不错的选择。这里再次重申提升度的含义：提升度是相对于自然而然购买而言的。A对B的提升度为4.0的理解为：向购买了A的用户推荐B，则该用户购买B的概率是该用户单独（即自然而然地购买）购买B的概率的4倍。

10.5.3　用户并未产生消费，为其推荐某样商品

如果我们希望推荐用户购买"山地英骑"自行车，该如何制订营销策略？

用户产生了消费，我们会使用左手规则来进行推荐；未产生消费时，直接筛选出右手规则即可，之后根据提升度降序排列（不同的业务需求也可选择支持度或置信度作为依据）。

```
# 筛选出右手规则，并按照提升度降序排列
purchase_good = result[result['rhs'] == frozenset({'山地英骑'})].
sort_values('lift', ascending=False)

purchase_good
```

结果如图10-12所示。

⬍	lhs ⬍	⬍	rhs ⬍	support ⬍	confidence ⬍	lift ⬍
75	(hl山地外胎)	==>	(山地英骑)	0.023524	0.375657	3.223495
94	(山地车水壶架)	==>	(山地英骑)	0.034110	0.373519	3.205144
63	(山地车挡泥板)	==>	(山地英骑)	0.034345	0.362463	3.110273
96	(运动水壶)	==>	(山地英骑)	0.027711	0.144504	1.239984
72	(运动型头盔)	==>	(山地英骑)	0.033404	0.115054	0.987274
79	(山地车内胎)	==>	(山地英骑)	0.015573	0.113824	0.976717
36	(修补工具)	==>	(山地英骑)	0.015385	0.108638	0.932216

图10-12　用户并未产生消费时的推荐方法

所以，如果希望顾客购买英骑牌自行车，可以将其与"hl山地外胎"或"山地车水壶架"组合在一起推荐。

10.6　使用Apriori算法的注意事项

利用Apriori算法进行购物篮分析时，我们更倾向于探索购物篮中商品之间的正向关联规则，即能够促进销售的规则。但在超市购物篮分析中，商品之间的负向关联同样重要。虽然负向关联代表商品之间的冲突关系，但这不一定是坏

事，因为它指出了那些具有替代关系的商品。例如在城市中心圈的超市，商品淘汰和引进新品的频率都非常高，找出商品之间的替代关系，可以为新品引进和旧品淘汰提供依据。

同样，在商圈的店铺分析中，找出店铺之间的负向关联，可以帮助我们找出它们之间的冲突和排斥关系，从而在店铺引进等规划时对具有冲突和排斥关系的店铺进行空间上的规避，或在调整时根据店铺之间的负向关联寻找有替代功能的店铺。

另外，Apriori算法在数据分析实验室内一直备受推崇，但却未能在实际应用中取得广泛应用。这是因为Apriori算法还未完全实现关联规则对应经济指标的量化算法探索，而且Apriori算法只能发现单一变量之间的关系，无法发掘多变量之间的复杂关联规则，如非线性关系等。随着数据集和项集大小的增加，算法的复杂度会大幅增加，效率也会变得很低。因此，在实际业务需求中，需要结合其他算法才能更好地实现智能推荐的效果。

第**11**章

从变量到指标体系

前面介绍了不同的数据分析算法模型，功能包括预测、分类、数据处理和降维。但当我们掌握了这些算法和代码知识后，会发现很多算法和模型都是只为强烈地追求一个结果，如精确度和AUC等，这就导致对数据分析过程认识的缺乏。比如：

① 放入模型的这些自变量是怎么来的？为什么选择它们，有没有可能会存在其他更能说明问题的自变量？

② 模型得出的结果就一定能用吗？在决策树预测信贷违约的案例中，假如模型的AUC值为0.85（这是一个挺不错的值），信贷公司的老板就敢直接用这个模型来指导业务吗？预测出来的可能流失的用户占40%，又该如何处理？

显然，真实的商业环境非常复杂，只具备统计学和算法的知识还远远不够，理论与实践之间毕竟还存在着数不清的环境变数。从本章开始，将着力讲解真实商业环境中需要掌握的各种数据分析方法。

11.1　变量与指标

数据分析中，变量和指标是两个非常重要的概念，它们分别从不同的角度来解释和理解数据：

- 变量：通常指某个需要被测量或者观察的事物或现象。例如人口数量、销售额、气温等，它往往是由数据的基本单位和基础构成。对变量进行分类、整理和汇总可以更好地帮助我们分析和理解数据。
- 指标：通常指用来衡量某个特定方面或者目标的量化标准。例如市场份额、客户满意度、销售增长率等。在数据分析中，指标往往是衡量业务绩效和效果的重要标准。对指标进行分析、比较和优化，能更好地管理和提升业务。

在实际业务中，变量和指标往往是密不可分的。例如，销售分析中的销售额是一个重要的指标，而订单数量、客户数量、产品种类等则是重要的变量。我们需要通过对这些变量的分析和比较，来优化销售策略和提升销售额，从而实现业务目标。

> 变量和指标的关系？它们有何联系和区别？

变量和指标其实是相互关联和依赖的。变量为我们提供数据的基础和具体细节，而指标则是对这些变量进行整合和概括的结果。所以，通过对变量的分析和比较，我们可以更好地理解指标的含义和背后的业务意义，从而优化业务策略和提升业务绩效。

> 数据指标是怎么产生的？

数据指标通常来源于对每个业务动作的记录和跟踪。每当发生一个业务动作，例如一次网页浏览/用户注册/订单生成，相关的数据就会被记录下来。这些数据可以包括各种变量，例如时间、地点、用户信息和产品信息等。

通过对这些数据进行整理、计算和分析，我们可以得到各种数据指标。这些指标可以是单一的，例如总销售额、平均购买金额等；也可以是复合的，例如用户转化率、复购率等。这些指标可以帮助我们更好地理解和衡量业务的绩效和效果，从而为决策提供有用的参考。

需要注意的是，好的数据指标往往依赖于良好的数据采集和数据管理机制。在业务运营中，我们需要尽可能记录和跟踪每个业务动作，以便于生成准确可靠的数据指标。

11.2　从单个指标到指标体系

当一个指标不足以完整地描述事物时，就需要指标体系。比如：

- 健康指标体系：评估一个人的健康状况时，单一的指标（如血压），肯定无法全面评估一个人的健康状况。因此，我们需要一个包含多个指标的健康指标体系，例如年龄、心率、血压、血糖水平、胆固醇水平等。综合考虑这些指标才能更全面地评估一个人的整体健康状况。
- 营销效果指标体系：电子商务领域中，仅依靠一个指标（如广告点击率）将无法全面评估营销活动的效果。因此，我们需要一个包含多个指标的营销效果指标体系，如转化率、复购率、社交媒体互动指标、口碑评价等。综合考虑这些指标才可以更全面地评估电商营销活动的效果和品牌影响力。

指标体系中指标之间的关系常分为以下三种。

① 并列关系：指标之间相互独立，没有明确的优先级或依赖关系。

② 包含关系：包含式指标体系中的指标反映了事物的结构。比如：总客户数＝新客户数＋旧客户数，新客户数＝市场开拓率×潜在客户数。通过这个指标体系，我们可以知道客户增长指标体系的内部结构，并追踪新客户的增长情况。而且，包含式的指标体系自带分析能力，可以帮助我们将问题拆解，追根溯源到问题的起点。例如，总客户数低了，根据结构拆分后发现是新客户数低了，继续拆解后发现是市场开拓率低了，那么提高总客户数的目标便可以转化成提高市场开拓率。

③ 流程关系：流程指标体系中的指标反映的是一个过程，比如用户付费流程"注册→登录→加入购物车→支付"。通常流程中的每一步之间都会产生一个转化率，它可以帮助我们发现问题和优化流程。

第12章

零售超市业绩评估

如果我们拿到下面这份数据（表12-1）和它的指标解释，能否在15分钟内得到一个初步的分析结论？

表12-1　美国某零售超市数据

年度	净销售额（亿美元）	商品毛利（亿美元）	会员费收入（亿美元）	运营费用（亿美元）	净利润（亿美元）
2010	762.6	82.6	16.9	78.4	13.0
2011	870.5	93.1	18.7	86.8	14.6
2012	970.6	102.4	20.8	95.6	17.1
2013	1028.7	109.2	22.9	101.6	20.4
2014	1102.1	117.5	24.3	109.6	20.6
2015	1136.7	126.0	25.3	115.1	23.8
2016	1160.7	131.7	26.5	121.5	23.5
2017	1261.7	142.9	28.5	130.3	26.8
2018	1384.3	152.5	31.4	139.4	31.3

指标含义解释如下：

- 净销售额 = 商品收入+会员费收入+其他收入（非常少）。
- 商品毛利 = 商品收入−商品成本。
- 运营费用 = 投资费用+营销费用+会员维护费用。

如果是没有任何商业数据分析经验的小白，可能就只能得出类似"2010 ～ 2018年，净销售额和净利润一直都在增长，超市经营得很不错"这样的结论。下面将从增长率、比例、投入产出比三个角度来介绍基础的数据分析思路。

12.1　增长率分析法

增长率代表趋势到底是向好、向坏还是持平，常用于含有顺序年份的数据集。根据增长率曲线还可以延伸出其他指标：极值点、持续时间、波动幅度等。这里我们选用净销售额同比增长率曲线作为示例。

绘制曲线前，需要知晓同比和环比的概念。

- 同比：一般情景下是本年第n月与去年第n月比，如本年2月比去年2月。同比增长速度=（本期发展水平−去年同期水平）÷去年发展水平×100%；同比发展速度=本期发展水平÷去年同期水平×100%。
- 环比：表示连续2个统计周期（比如连续两月）内量的变化比。环比增长率=（本期数－上期数）÷上期数×100%，反映本期比上期增长了多少；
环比发展速度一般指本期水平与前一时期水平之比。

绘制增长率曲线的代码如下：

```
import numpy as np
import pandas as pd
import matplotlib.pyplot as plt
# 设置中文字体的支持
plt.rc('font', **{'family': 'Microsoft YaHei, SimHei'})
# 解决保存图像是负号'-'显示为方块的问题
plt.rcParams['axes.unicode_minus'] = False


df = pd.read_csv('零售超市.csv', encoding='gbk')
# 计算净销售额同比增长率
df['净销售额同比增长率'] = df['净销售额（亿美元）'].pct_change() * 100
# pct_change()非常适合时间序列数据，如股票价格、销售额等，用来快速计算相邻
两个数据点之间的增长率或下降率
df[['年度','净销售额（亿美元）', '净销售额同比增长率']]
```

因为2010年位于首端，所以会是空值。结果见表12-2。

表12-2　净销售额同比增长率计算结果

年度	净销售额（亿美元）	净销售额同比增长率	年度	净销售额（亿美元）	净销售额同比增长率
2010	762.6	NaN	2015	1136.7	3.139461
2011	870.5	14.148964	2016	1160.7	2.111375
2012	970.6	11.499138	2017	1261.7	8.701646
2013	1028.7	5.985988	2018	1384.3	9.717048
2014	1102.1	7.135219			

接着，可以将净销售额和其同比增长率绘制在同一幅图上，方便比较。因两者的单位不同，可通过同时设置左右坐标轴来解决。

```
# 合并两个图
df = df.set_index('year')  # 设置索引
fig, ax1 = plt.subplots(figsize=(12,6))

# 第二个Y轴的标记
ax2 = ax1.twinx()
ax1.plot(df['净销售额（亿美元）'])
ax2.plot(df['净销售额同比增长率'], color='orange')
```

```
# 添加标题和Y轴的名称，有两个Y轴
ax1.set_ylabel("净销售额", fontsize=15)
ax2.set_ylabel("净销售额同比(%)", fontsize=15)
plt.title("销售收入&销售收入同比增长率走势%", fontsize=18)
sns.despine(trim=True, offset=10)
plt.grid(True)

# 添加图例
ax1.legend(['净销售额'], loc=2, fontsize=12)
ax2.legend(['净销售额同比%'], loc=2, bbox_to_anchor=(0, 0.9),
fontsize=12)
```

从图12-1可以看出，尽管销售额一直在增长，但事实并不像我们想象的那么好，因为增长率在前五年一直下跌且跌幅较大。2016年跌入谷底后，2017年又开始反弹。这里面一定有一些更深层的原因值得探索（查阅资料后发现：2010 ～ 2015年，电子商务井喷式爆发，给很多传统零售企业带来了不小的冲击）。

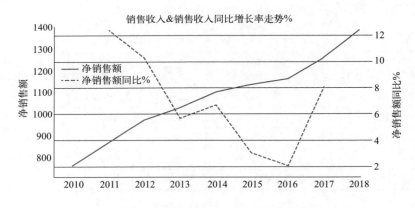

图12-1   净销售额及其同比增长率走势图

➢ 连续几年发现净销售额同比增长率一直在下跌后，超市所属的企业是否进行了针对性的调整？

假设我们是决策者，看到图12-1，自然而然应该想到类似的问题。而数据集表12-1中对应调整措施的指标为"运营费用"，所以同理可以画出商品毛利和运营费用的同比增长率曲线（代码重复度高，故省略）如图12-2所示。

由图12-2可以看出，尽管商品毛利同比增长率在2011 ～ 2013年、2014 ～ 2015年均有下跌，但还是比同样在下跌的运营费用同比增长率要好。为了扭转业绩，2015 ～ 2017年企业增加了费用（运营费用）投入；随着利润的快速回升，企业随即调整了费用投入的增长幅度。这表明企业采取了较为稳健的增长策略，避免了为追求过快增长而带来过高成本的风险。

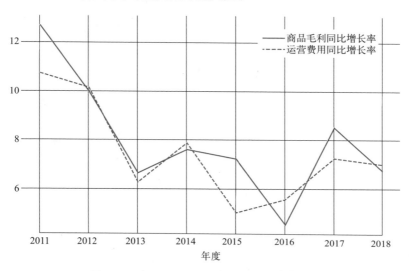

图12-2 商品毛利与运营费用的同比增长率曲线

12.2 比例分析法

比例通常代表结构，它可以让我们看到重点和变化趋势。很多零售超市都有会员制度，既然刚刚我们发现净销售额同比增长率在前五年都呈下跌趋势，那会员费收入情况会不会也是如此呢？

这里我们选择探索每年会员费收入占净销售额的比例。

```
df['会员费收入比例（占净销售额）'] = \
        (df['会员费收入（亿美元）']/df['净销售额（亿美元）'])*100
df['会员费收入比例（占净销售额）'].plot(kind='bar')
plt.grid(True)
sns.despine(trim=True, left=True)
plt.title('会员费收入比例（占净销售额%）')
```

从图12-3可以看出，每年的会员费收入仅占所有收入的很小一部分（2%左右）。又因为净销售额 = 商品收入+会员费收入+其他收入（非常少），所以这个超市的绝大部分收入都靠实体销售收入所得？即不需花太多时间在维系会员上而只要管好卖货挣钱就行？

但当我们把几个指标摆在一起观察时却发现：

① 运营费用（成本之一）和商品毛利呈紧密的正相关关系［图12-4（a）］，

且二者的间距越来越大，这种趋势是否是好的呢？

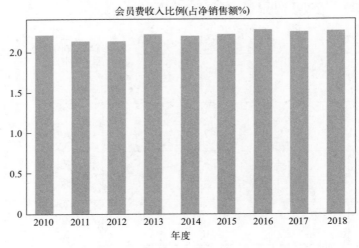

图12-3   会员费收入占比

② 会员费收入和净利润也呈现强正相关关系［图12-4（b）］。这个超市其实是靠会员费存活的？

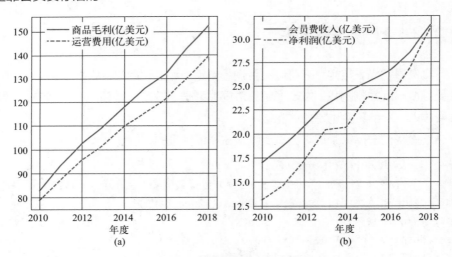

图12-4   多指标摆在一起查看

```
fig = plt.figure(figsize=(12,6))
ax1 = fig.add_subplot(121)
ax2 = fig.add_subplot(122)

# 商品毛利和运营费用
```

```
df.reset_index().plot(kind='line', x='year', y=['商品毛利（亿美元）',
'运营费用（亿美元）'], ax=ax1)
# 会员费收入和净利润
df.reset_index().plot(kind='line', x='year', y=['会员费收入（亿美元）',
'净利润（亿美元）'], ax=ax2)
ax1.grid(True); ax2.grid(True)
```

为了进一步探究这两个问题，这里引入两个自带标准的比例，即根据业务知识或常识我们都能判断好坏：

① 毛利率＝商品毛利/商品销售收入。我们当然希望毛利率能保持在一定水平，能增长就更好。

② 运营费用比例＝运营费用成本/总收入。我们希望运营费用比例控制在一定水平，能降低就更好（控制在一定水平就挺不错了，因为随着时间的推移，物价上涨，行业竞争加剧，多少会使运营费用比例越来越高）。

③ 毛利率和运营费用比例要有一定距离，越大越好（这样才能赚更多的钱）。

计算过程和结果（表12-3）如下。

```
df['商品毛利率'] = (df['商品毛利（亿美元）']/df['净销售额（亿美元）']) *
100
df['运营费用比例'] = (df['运营费用（亿美元）']/df['净销售额（亿美元）'])
* 100
round(df[['商品毛利率', '运营费用比例']], 3).T
# 每年的运营费用比例和商品毛利率都几乎不变，分别为 10% 和 11%（约等于）
```

由表12-3可以看出，商品毛利率和运营费用比例几乎没有波动（10%～11%），说明超市的经营能力还是很不错的。

表12-3　超市历年毛利率和运营费用比例

年度	2010	2011	2012	2013	2014	2015	2016	2017	2018
商品毛利率	10.831	10.695	10.55	10.615	10.661	11.085	11.347	11.326	11.016
运营费用比例	10.281	9.971	9.85	9.877	9.945	10.126	10.468	10.327	10.070

12.3　投入产出比法

投入产出比＝产出/投入，也是一个特别常用的自带标准的指标。我们希望投入产出比保持在一定水平，至少不持续下降，越高越好。

回看原始数据表12-4，运营费用可以作为投入项，至于产出项，到底该用商品毛利、净销售额还是净利润，这一点可以看具体业务和实际要求。我们选用了商品毛利/运营费用作为投入产出比。

```
df['投入产出比%'] = (df['商品毛利（亿美元）'] / df['运营费用（亿美元）'])
* 100
round(pd.DataFrame(df['投入产出比%']), 3).T
```

表12-4   历年的投入产出比

年度	2010	2011	2012	2013	2014	2015	2016	2017	2018
投入产出比%	105.357	107.258	107.113	107.48	107.208	109.47	108.395	109.67	109.397

不难发现，该超市的投入产出比略有提高（105%～109%），整体上没什么波动，说明这个企业的持续经营能力强。

12.4　评估小结

数据分析的过程中，标准的设定对于得出准确结论和制订相应策略至关重要。以表12-3为例，目前我们只能知道2010～2018年超市的毛利率和运营费用比例都没有什么波动，但没有明确的标准对比，也暂时无从知晓这10%到底是高还是低。

查阅资料后发现，2010～2018年，美国零售行业的平均毛利率大约在30%～35%之间，所以该超市的商品毛利率（10%）可以说是比较低。而另一方面，美国零售行业的平均运营费用比例大约在15%～20%之间，对比下来，该超市的运营费用比例也较低（10%）。

一般情况下，运营费用比例低意味着运作风险相对较低。因为较低的运营费用比例说明企业能更有效地管理成本，并在运营过程中控制开支，这也能为企业提供更大的经济稳定性和灵活性，降低面临风险的潜在压力。

第 **13** 章

广告营销渠道分析

网约车公司在成立初期常会投入大量资金来推广和促销，比如提供各种优惠券、减免活动等，这样可以快速建立用户基础并提高市场占有率，使得企业在竞争激烈的市场中脱颖而出。

表13-1是本章的案例数据，包含5种网约车推广渠道。如果我们作为市场部经理，应该加大投入哪个渠道？

表13-1   不同推广渠道的表现数据

渠道	注册数	首呼数	首单数	已投入成本
A	12668	9499	8358	259201
B	22762	16386	13599	319915
C	6872	4395	3734	116847
D	55436	37694	34678	651413
E	34189	25297	22007	133628

指标含义解释如下：

• 首呼数：首次呼叫（叫车）的用户数量。

• 首单数：完成第一单约车的用户数量。

• 已投入成本：该渠道获取到的注册数用户的成本。

表13-1的业务流程为：投放广告→引导用户注册→用户呼叫→司机接单→完成订单。

这些指标是连成一串的，有明显的先后顺序。只有注册了才能成为用户，只有用户才能呼叫，呼叫后司机才有单接，最后订单才能被完成。所以这些指标也被称为串行指标。

当一个业务流程有多个环节时，相应的指标便构成串行关系。每一个环节都有做得让部分客户不满意的可能，所以每个步骤都可能会有顾客流失，因此便存在转化率。下面几点是这个案例中可能造成用户流失的地方：

• 广告不吸引人，用户压根就不注册。

• 注册了但是嫌操作麻烦或者价格昂贵，所以不约车。

• 预约车辆后（首呼成功），因司机距离远、等待时间长等原因，用户不愿继续等待，所以取消订单，导致首单无法完成。

13.1 漏斗分析法

漏斗分析法在数据分析中很常用，多用于理解和优化用户在销售或营销过程中的转化路径。它的名字来源于漏斗的形状，从上到下逐渐变窄，代表用户在不同阶段逐步流失的过程。

漏斗分析法的优势在于：

① 可视化用户转化过程：通过图表和可视化方式，让使用者能直观地了解用户在各个环节的表现。

② 发现瓶颈和改进机会：漏斗分析可以识别出转化率较低的环节，即帮助使用者找到改进的机会，优化用户体验和提高转化率。

③ 定量评估和比较不同渠道或策略：当需要定量评估多个渠道或策略的效果时，漏斗分析法可以帮助使用者比较各个渠道转化路径的表现，从而辅助做出更明智的决策。

④ 预测和优化转化率：通过分析每个阶段的转化率，可以预测未来的转化趋势，并制订相应的优化策略，以提高整体转化率。

本例的漏斗可视化结果见图13-1（基于plotly库）。

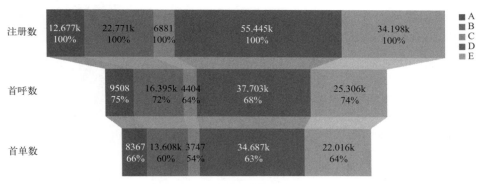

图13-1　不同渠道的漏斗图

从左往右依次为A、B、C、D、E

图13-1色块中的百分数表示当前值与注册数的比例，色块大小表示用户数量多少。以渠道A（最左侧）为例：首呼数右边的75%表示首呼转化率，即注册成功的用户中，会有多少比例的人完成第一次呼叫，计算公式为"（首呼数÷注册数）×100%"；首单数右侧的66% =（首单数÷注册数）×100%，表示最终转化率，即注册成功的用户中，最终会有多大比例的人完成第一次约车。

漏斗分析法的优势之一是可以定量评估和比较不同渠道或策略，以渠道C（从左数第三个）为例：注册到首呼这个流程为什么流失了如此多的用户（100%→64%）？是不是操作页面过于繁琐，还是准备呼叫的时候看到行程报价太贵而放弃（约车软件在输入起点和终点后会自动弹出预估的价格）？

其实，根据业务流程"投放广告→引导用户注册→用户呼叫→司机接单→完成订单"，还会产生首单转化率这个指标（表13-2），表示首次呼叫的用户中，有多大比例的人会完成首单。下面计算一下各个流程的转化率。

```
df['首呼转化率'] = str(round((df['首呼数'] / df['注册数'])*100, 2))
```

```
df['首单转化率'] = round((df['首单数'] / df['首呼数'])*100, 2)
df['最终转化率'] = round((df['首单数'] / df['注册数'])*100, 2)
df
```

表13-2   计算各个流程转化率后的数据集

渠道	注册数	首呼数	首单数	已投入成本	首呼转化率/%	首单转化率/%	最终转化率/%
A	12668	9499	8358	259201	74.98	87.99	65.98
B	22762	16386	13599	319915	71.99	82.99	59.74
C	6872	4395	3734	116847	63.96	84.96	54.34
D	55436	37694	34678	651413	68.00	92.00	62.56
E	34189	25297	22007	133628	73.99	86.99	64.37

结合上一章的比例分析法，我们还能把"已投入成本"这个指标用上，得到如表13-3所示的数据集。

```
df['每注册成本'] = round(df['已投入成本']/df['注册数'], 2)
df['每首呼成本'] = round(df['已投入成本']/df['首呼数'], 2)
df['每首单成本'] = round(df['已投入成本']/df['首单数'], 2)
df[['渠道', '首呼转化率', '首单转化率', '最终转化率', '每注册成本',
    '每首呼成本', '每首单成本']]
```

表13-3   计算转化率与投入比例后的数据集

渠道	首呼转化率/%	首单转化率/%	最终转化率/%	每注册成本	每首呼成本	每首单成本
A	74.98	87.99	65.98	20.46	27.29	31.01
B	71.99	82.99	59.74	14.05	19.52	23.52
C	63.96	84.96	54.34	17.00	26.59	31.29
D	68.00	92.00	62.56	11.75	17.28	18.78
E	73.99	86.99	64.37	3.91	5.28	6.07

这样处理后，指标一下子就多了起来，那我们到底该看哪个才能得出结论，即作为市场部经理，该选择哪一个渠道进行加大投入？

一个很简单的方法，看结果指标。因为过程指标其实很容易造假，结果指标相对难操控。例如，如果以用户注册数或点击量作为选择标准，那只要编写一个机器人程序不断地自动注册和点击就行；叫了车后马上取消行程，所以首呼数也一样可以造假。相信投资方也不愿意用这些有机会造假的指标来判断网约车公司是否值得投资。

这样一来，结果指标就只有"最终转化率"和"每首单成本"。不难发现，五个渠道中，A和E的表现突出（图13-2）。

	渠道	首呼转化率	首单转化率	最终转化率	每注册成本	每首呼成本	每首单成本
0	A	74.98	87.99	(65.98)	20.46	27.29	31.01
1	B	71.99	82.99	59.74	14.05	19.52	23.52
2	C	63.96	84.96	54.34	17.00	26.59	31.29
3	D	68.00	92.00	62.56	11.75	17.28	18.78
4	E	73.99	86.99	64.37	3.91	5.28	(6.07)

图13-2　脱颖而出的渠道A和渠道E

如果只能二选一，该舍弃渠道A还是渠道E？仅凭肉眼观察的话，A的最终转化率最高，但也仅比D和E高1%～2%，而每首单成本比E贵太多了（A：31.01，E：6.07），所以直觉告诉我们，E的性价比最高。

13.2　整体结构分析法

作为专业的数据分析人员，不应仅凭简单的观察和直觉就下定论。**出现模棱两可的选择时，引入整体水平作为参考值**，可简单且快速地得到初步结论。这种方法又称整体结构分析法。

下面将最终转化率和每首单成本这两个结果指标与整体平均对比，得出表13-4。

```python
# 构建一个新的DataFrame，将渠道列的值改为"整体平均"四个字，其余列名不变
total = pd.DataFrame(columns=df.columns)
total['渠道'] = ['整体平均']

for col in df.drop(columns=['渠道']).columns.tolist():
    total[col] = np.mean(df[col])

df = df.append(total)
df[['渠道', '最终转化率', '每首单成本']]
```

表13-4　对结果指标引入整体水平的结果表

渠道	最终转化率/%	每首单成本	渠道	最终转化率/%	每首单成本
A	65.980	31.010	D	62.560	18.780
B	59.740	23.520	E	64.370	6.070
C	54.340	31.290	整体平均	61.398	22.134

表13-4中，"整体平均"这一行的值是对原数据集的每一列求平均后拼接而成的。为了方便观察，还可以对每一个渠道求一个差值，这个差值由两个结果指

标减去整体平均产生，如表13-5所示。

```
df['最终转化率与整体'] = df.iloc[:5]['最终转化率'] - df.iloc[-1, :]['
最终转化率']
df['每首单成本与整体'] = df.iloc[:5]['每首单成本'] - df.iloc[-1, :]['
每首单成本']

df['最终转化率'] = df['最终转化率'].apply(lambda x:
str(round(x))+'%' )
df['最终转化率与整体'] = df['最终转化率与整体'].apply(lambda x:
str(round(x))+'%' )

round(df[['渠道', '最终转化率', '每首单成本', '最终转化率与整体', '每
首单成本与整体']])
```

表13-5   结果指标与整体平均求差值

渠道	最终转化率	每首单成本	最终转化率与整体	每首单成本与整体
A	66%	31.0	5%	9.0
B	60%	24.0	−2%	1.0
C	54%	31.0	−7%	9.0
D	63%	19.0	1%	−3.0
E	64%	6.0	3%	−16.0
整体平均	61%	22.0		

观察表13-5的最后两列后，发现最终转化率最高的渠道A的性价比其实并不高。如果要以性价比作为投入标准的话，应该优选渠道E，其转化率第二高，只比A低了2%，但成本低；次选渠道D，其转化率与渠道E基本持平，成本不算高。

先前从图13-2中发现渠道A和渠道E的结果指标脱颖而出，但经过整体结构分析以后发现了被忽略的渠道D。

13.3   渠道分析小结

① 漏斗分析法能将转化的过程可视化，并定量评估或比较不同的策略。

② 串行指标多的时候，可先直接看结果指标，因为过程指标更容易造假。

③ 出现模棱两可的选择时，可以引入整体水平作为参考值，这样能简单且快速地得到初步结论，并发现潜在的问题或机会。

第 **14** 章

网约车司机单日工作情况分析

随着网约车车辆、从业人员数量快速增加，截至2023年底，越来越多的城市开始提示"网约车行业运力与需求已趋（或已经）饱和"。身处其中的网约车司机正面临"接不到单、赚不到钱"等诸多困境。本章将以此为背景，通过一份早期的行业数据集来对网约车司机单日工作情况进行分析。数据读入和预览如下。

```
import numpy as np
import pandas as pd
df = pd.read_excel('网约车司机单日工作情况.xlsx')
df.head()
```

表14-1　网约车司机单日工作情况数据节选

司机编号	平均星级	在线时长	完成订单数	订单实际总公里数	车费收入
79	5.0	1.729	18	69.94	641.76
29	5.0	5.421	18	475.74	1872.96
118	5.0	4.438	29	188.87	992.25
72	4.9	3.762	21	152.46	793.00
67	5.0	5.796	25	262.20	1169.70

注：本章中订单实际距离用"订单实际总公里数"表示。

如表14-1所示，这是一份网约车司机的工作信息数据（仅一日，共300条）。我们希望探究：

①这批司机当中，效率最高的司机是哪位？效率最低的是哪位？

②这些数据反映了什么（假设车油耗是百公里8L，油价7.4元/L）？

可以使用第12章介绍的投入产出比法来计算司机的效率，本案例的投入产出比 = 净收入/在线时长，也就是司机的时薪。而净收入需要用车费收入减去基本的油耗。

```
# 假设车油耗是百公里8L，当前油价是7.4元/L
oil_price = 8*7.4
df['净收入'] = df['车费收入'] - (df['订单实际总公里数']*oil_price)/100
df['投入产出比'] = df['净收入']/df['在线时长']

print('效率最高的司机：')
df.sort_values(by='投入产出比', ascending=False).head(1)
print('效率最低的司机：')
df.sort_values(by='投入产出比', ascending=False).tail(1)
```

计算结果如图14-1所示。

效率最高的司机。

	司机编号	平均星级	在线时长	完成订单数	订单实际总公里数	车费收入	净收入	投入产出比
0	79	5.0	1.729	18	69.94	641.76	600.35552	347.227021

效率最低的司机。

	司机编号	平均星级	在线时长	完成订单数	订单实际总公里数	车费收入	净收入	投入产出比
299	232	5.0	14.93328	3	8.68	56.98	51.84144	3.471537

图14-1 效率最高/最低的司机

我们发现：

① 效率最高的司机一天只在线不到2小时就接了18单，净收入600多元。

② 效率最低的司机一天在线14小时只接了3单，净收入50多元。

将极端的情况进行对比，再结合相关的业务知识，往往能发现值得进一步探究的问题：该网约车平台的司机长时间在线，但不接单，可能是为了混在线时长补贴（过去有些网约车平台会对在线时间长的司机提供在线时长补贴）；或者是效率最低司机所代表的司机群体大多只是兼职而已，想接单的时候才接；还有可能是平台的派单系统出了问题，导致当日派单效率很低，一些司机长时间在线却没被派到单。

这些问题给平台带来的危害如下：

① 用户流失：一般来说，使用网约车平台的乘客对服务质量和可靠性的要求都比较高，所以如果频繁遇到长时间等待或无法匹配可用车辆的情况，他们可能会转向其他竞争平台，导致原平台流失用户。

② 声誉受损：长时间等待、派单延迟等问题会引发乘客的不满和投诉，会给平台的声誉带来负面影响，进而导致口碑恶化，无法吸引新用户并影响平台的发展和市场份额。

③ 司机流失：如果司机发现平台存在虚假运力、派单问题或兼职司机效率低下等情况，他们可能会对平台失去信心，选择转向投奔其他平台甚至干脆放弃网约车行业。

14.1 单维度分类

单维度分类即切割法。它是一种基于单个指标的数据分析方法，操作时会将一个指标分为不同的类别或组别，然后对每个类别进行独立的分析，从而更好地理解数据的细节和特点。

例如，我们想要分析不同地区下用户的购买习惯，就可以使用单维度分类法将用户按照地理位置进行分类（城市A、城市B、城市C等），之后再比较不同城市的用户在购买频次、购买金额、产品类别偏好等方面的差异，以调整产品推荐、营销活动、物流等策略，从而满足不同城市用户的需求，提高用户满意度和购买转化率。

回到本案例，司机的效率（投入产出比）与在线时长和净收入有关。所以这里分别对这两个指标进行切割分类。不同的业务情况划分标准不同，本案例的划分标准如表14-2所示。

表14-2　划分标准

日薪/元	最高月薪/元	日收入层级	在线/工作时长/h	在线时长分类
0 ~ 75	2250	极少	0 ~ 5	过少
76 ~ 200	6000	少	5 ~ 9	轻松
201 ~ 350	10500	中	9 ~ 12	中等
351 ~ 500	15000	较高	12 ~ 17	劳累
501+	>15000	高	≥17	过劳

注："+"表示大于等于，如"501+"表示"≥501"，下同。

下面用pandas的分箱操作来进行划分：

```
# 根据日收入来进行分类，pandas 指定宽度分箱操作
df['日收入层级'] = pd.cut(x=df['净收入'],
    bins=[0, 75, 200, 350, 500, 1622],  # 分箱断点
    labels=['极少', '少', '中', '较高', '高'])  # 分箱后分类


# 根据在线时长来进行分类
df['在线时长分类'] = pd.cut(x=df['在线时长'],
                bins=[0, 5, 9, 12, 17, np.max(df['在线时长'])],
                labels=['过少', '轻松', '中等', '劳累', '过劳'])

df[['司机编号', '日收入层级', '在线时长分类']].head()
```

划分结果节选见表14-3。

表14-3　单维度分类结果节选

司机编号	日收入层级	在线时长分类	司机编号	日收入层级	在线时长分类
79	高	过少	72	高	过少
29	高	轻松	67	高	轻松
118	高	过少			

使用pandas的value_counts函数计算每个维度下各个分类的占比，normalize=True表示以百分数的形式输出。

```
df['日收入层级'].value_counts (normalize=True)
df['在线时长分类'].value_counts (normalize=True)
```

从图14-2可以看出：司机们的收入还算不错，日收入层级"中等+较高+高"的比例为80%（15%+17%+48%）；大部分司机都比较辛苦，日在线时长超过9小时（中等及以上的）的比例为72%（19%+23%+30%）。

14.2　两维度分类

两维度分类法又称矩阵法，它能将数据按照两个维度分类和组合，这样便可以同时考虑两个关键维度之间的关系，从而深入了解数据的特征和趋势。

上一节中，笔者已经通过切割法将两个关键指标，即在线时长和日收入进行了单维度分类，如果将"中等"和"中"（图14-2）作为标准，并将这两个指标结合起来考虑的话，还能将司机群体划分成下面四种：

① 在线时长长，日收入高。

② 在线时长短，日收入低。

③ 在线时长长，日收入低。

④ 在线时长短，日收入高。

```
高      0.483333
少      0.180000
较高    0.166667
中      0.153333
极少    0.016667
Name: 日收入层级, dtype: float64


劳累    0.300000
过劳    0.233333
轻松    0.196667
中等    0.193333
过少    0.076667
Name: 在线时长分类, dtype: float64
```

图14-2　每个维度下各分类占比

前两种是正常的且平台希望看到的状态：平台鼓励司机的在线时长能长一些，订单量多一些，这样能提高顾客的黏性，最后平台和司机都能赚更多的钱。后面两种异常情况则值得单独拎出来深入探究。

其实，两维度分类法也可以视为一种相关性分析的方法。通过将数据按照两个维度进行分类，我们可以观察和分析不同类别之间的相关性和关联关系，下面对数据集绘制相关系数热力图，来探究第三、四种情况。

```
data = df.drop(columns=['平均星级', '车费收入'])
# mask表示遮罩层，只显示上/下三角矩阵
mask = np.zeros_like(data.corr())
mask[np.tril_indices_from(mask)] = True
plt.figure(figsize=(6,4), dpi= 80)
```

```
sns.heatmap(data=data.corr(),
            xticklabels=data.corr().columns,
            yticklabels=data.corr().columns,
                center=0, annot=True, mask=mask, cmap='Blues')
```

先来看热力图（图14-3）的圆圈中几个较高的数字。

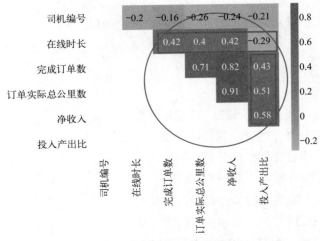

图14-3   相关系数矩阵热力图

- 0.91："订单实际总公里数"越高，车费收入就越高。这很正常，距离越远，收入自然就越高。
- 0.82："完成订单数"越多，车费净收入也越多，合乎多劳多得的常理。
- 0.71：一般来说，"完成订单数"越多，总行走路程就越远，合乎常理。

那圆圈里方框中的这4个数字该怎么解释？

① 0.42、0.4、0.42：在线时长越长，"完成订单数""订单实际总公里数"和"车费收入"这三者竟然没有随之增长。会不会存在"部分相关，部分异常"的情况？即一般情况下在线时长与这几个指标会呈现较高的正相关关系，但被部分异常数据中和掉了，导致整体的相关性不强。

② -0.29：投入产出比竟然随着在线时长的增加而减少？

显然，这当中有异常状况需要进一步探究，从普通的相关分析（热力图）中，我们只能知道两者相关的程度，而无法知晓这个相关关系中是"谁影响谁"。例如在线时长与日收入呈负相关关系，是平台出现了问题（比如派单机制），还是司机出现了问题（比如位置偏远）。

因为"完成订单数""订单实际总公里数""车费收入"三者之间是一个递进的关系，所以我们从源头的完成订单数开始，把它和在线时长放在一起考虑，希望能找到图14-3方框中0.42、0.4、0.42、−0.29这几个数字出现的原因。

先使用pandas的describe查看一下两者的分布。

```
round(df[['在线时长', '完成订单数']].describe(), 2)
```

数据分布结果如表14-4所示。

表14-4　在线时长和完成订单数分布

统计情况	在线时长	完成订单数	统计情况	在线时长	完成订单数
count	300.00	300.00	25%（百分位点）	8.76	8.00
mean	12.65	15.26	50%（百分位点）	13.35	14.00
std	4.88	8.73	75%（百分位点）	16.73	21.00
min	1.73	2.00	max	21.11	43.00

根据两个指标的分布情况，可以考虑使用pandas分箱技术将两者的范围分别切分成：

- 在线时长：'0-5', '5-9', '9-12', '12-17', '17+'（比单维度分类时要稍微细化一些）。
- 完成订单数：'1-5', '6-10', '11-15', '16-20', '21-25', '26+'。

```
df['订单数分类'] = pd.cut(x=df['完成订单数'],
                bins=[1, 5, 10, 15, 20, 26, 43],
                labels=['1-5', '6-10', '11-15', '16-20', '21-25',
'26+'])
df['在线时长分类'] = pd.cut(x=df['在线时长'],
                bins=[0, 5, 9, 12, 17, 24],
                labels=['0-5', '5-9', '9-12', '12-17', '17+'])
df[['司机编号', '在线时长分类', '订单数分类']].sample(3)
```

对两个指标进行单维度切分后的结果（节选）展示见表14-5。

表14-5　在线时长分类和订单分类数据节选

司机编号	在线时长分类	订单数分类
174	5-9	11-15
21	17+	21-25
73	5-9	11-15

接下来我们将这两个单一的维度组合起来考虑，pandas的列联表分析（cross table）和数据透视表（pivot table）可以很好地实现两维度分类操作。

```
# 两个分类变量: 列联表分析
pd.crosstab(index=df['订单数分类'], columns=df['在线时长分类'],
```

```
normalize='columns').applymap(lambda x: str(round(x*100))+'%')
                        # 每一列总比例记为 1，normalize='columns'
```

结果见表14-6。

表14-6　列联表分析结果

在线时长分类	0-5	5-9	9-12	12-17	17+
订单数分类					
1-5	43%	27%	13%	12%	3%
6-10	35%	25%	28%	15%	16%
11-15	4%	19%	30%	16%	19%
16-20	4%	20%	15%	25%	14%
21-25	9%	8%	6%	22%	26%
26+	4%	0%	9%	11%	23%

中间的百分数是指该在线时长范围内接到的订单数分类下，司机的数量占该在线时长分类下所有司机数的比例。比如第一行第一列的43%：在线时长在0～5这个范围内，接到1～5单的司机占在线时长0～5的所有司机数的43%。

粗略看来，平台的政策还比较公平，司机在线越久，接到的单就越多（表14-7虚线框内数字）：比如在线时长5～9的列，订单数6～15的区间占比（25%+19%=44%）比在线时长0～5列的（35%+4%=39%）要高。

但值得注意的是，极端数值（表14-7中实线方框内数字）也出现在这个列联表。

表14-7　异常数字标注表

在线时长分类	0-5	5-9	9-12	12-17	17+
订单数分类					
1-5	43%	27%	13%	12%	3%
6-10	35%	25%	28%	15%	16%
11-15	4%	19%	30%	16%	19%
16-20	4%	20%	15%	25%	14%
21-25	9%	8%	6%	22%	26%
26+	4%	0%	9%	11%	23%

① 在线时长"17+"一列订单数分类为"1-5""6-10""11-15"的比例值相加，即3+16+19=38%。这表明尽管在线时长已经超过17小时了，也还是有超过三分之一的司机接单数量很少。结合实际业务考虑的话，可能是因为这一类司机

他们接的大多是长途单。比如从市区去机场，一个来回就好几个小时，才算成交一个订单。

② 在线时长"0-5"一列订单数分类为"16-20""21-25""26+"的比例值相加，和为17%。在线时长少，却还有近20%的司机会接到那么多单。有可能这一类司机接的订单大多是高峰期特定路段的短途单：一线城市的地铁终点站到城郊这段路的车流量少，不堵车的话很容易在短时间内接到多个订单，所以有些司机可能就守着这些地方来回跑；又或者是他们常在交通便利的地区待命，例如商业区、旅游景点或繁华街区。

所以，我们需要剔除长途单和高峰期短途单，剩下的异常才算是疑似有问题。这里先以在线时长8小时和订单数15单作为标准，将司机的类型划分为4大类。

```
## 正常的两种情况
# 在线时间多，订单也多：在多订多
time_high_order_high = df.query('在线时长 >8 and 完成订单数 >15')
# 在线时间少，订单也少：在少订少
time_low_order_low = df.query('在线时长 <8 and 完成订单数 <15')


## 值得注意的两种情况
# 在线时间少 但 订单多：在少订多
time_low_order_high = df.query('在线时长 <8 and 完成订单数 >15')
# 在线时间多 但 订单少：在多订少
time_high_order_low = df.query('在线时长 >8 and 完成订单数 <15')
# 人数占比
data = {
    '类型': ['在多订多', '在少订少', '在少订多', '在多订少'],
    '人数占比': [
    ## 在多订多
    str(round(len(time_high_order_high)/len(df), 2)*100)+'%',
    ## 在少订少
    str(round(len(time_low_order_low)/len(df), 2)*100)+'%',
    ## 在少订多
    str(round(len(time_low_order_high)/len(df), 2)*100)+'%',
    ## 在多订少
    str(round(len(time_high_order_low)/len(df), 2)*100)+'%'
    ] }


pd.DataFrame(data=data)
```

4大类中每一类的占比如表14-8所示（类型名取指标的第一个字。在——在线时长；订——完成订单数）。

表14-8 在线时长与订单数分类表

类型	人数占比	类型	人数占比
在多订多	41.0%	在少订多	4.0%
在少订少	16.0%	在多订少	37.0%

由表14-8可以看出，普通司机占比57%，他们的在线时长与订单数量呈正相关关系。我们需要探究表14-2"在少订多"和"在多订少"中的异常司机。先来看这两个分类下正常的情况：

- **在线时长少，但订单数多**：该分类下里程少的司机，他们可能就是那批高峰期特定路段跑短途的司机。
- **在线时长多，但订单数少**：该分类下里程多的司机，他们的订单可能大多是长途单。
- ➢ 那么问题来了，里程多还是少，有没有明确的标准？

以笔者所在的深圳市为例，根据深圳市交通运输局的资料显示：2021年10月1日至12月31日，深圳市的网约车日均订单约为10.04单，日均行驶里程约为86.07公里（千米，km）。也就是说，一单平均8.5公里（86.07/10.04）。

这样一来，我们将司机的订单数×8.5，订单总里程大于它的算里程数多，小于的算里程少。

```
# 在线少、订单多
time_low_order_high.eval("今日订单按理应达到的总公里数 = 完成订单数
*8.5", inplace=True)

# 在线多、订单少
time_high_order_low.eval("今日订单按理应达到的总公里数 = 完成订单数
*8.5", inplace=True)

# 在线少、订单多的分类中，里程少的
time_low_order_high_km_low = time_low_order_high.query(
"订单实际总公里数 < 今日订单按理应达到的总公里数")

# 在线少、订单多的分类中，里程多的
time_low_order_high_km_high = time_low_order_high.query(
"订单实际总公里数 > 今日订单按理应达到的总公里数")
```

```
# 在线多、订单少的分类中，里程少的
time_high_order_low_km_low = time_high_order_low.query(
"订单实际总公里数 < 今日订单按理应达到的总公里数")

# 在线多、订单少的分类中，里程多的
time_high_order_low_km_high = time_high_order_low.query(
"订单实际总公里数 > 今日订单按理应达到的总公里数")
```

更新数据的操作如下。

```
data = {
    '类型': ['在多订多', ' 在少订少',
            '在少订多', ' 在少订多--程少', ' 在少订多--程多',
            '在多订少', ' 在多订少--程少', ' 在多订少--程多'],
    '人数占比': [
    # 在多订多
    str(round(len(time_high_order_high)/len(df), 2)*100)+'%',
    # 在少订少
    str(round(len(time_low_order_low)/len(df), 2)*100)+'%',

    # 在少订多
    str(round(len(time_low_order_high)/len(df), 2)*100)+'%',
    ## 在少订多--程少
    str(round(len(time_low_order_high_km_low)/len(
time_low_order_high), 2)*100)+'%',
    ## 在少订多--程多
    str(round(len(time_low_order_high_km_high)/len(
time_low_order_high), 2)*100)+'%',

    # 在多订少
    str(round(len(time_high_order_low)/len(df), 2)*100)+'%',
    ## 在多订少--程少
    str(round(len(time_high_order_low_km_low)/len(
time_high_order_low), 2)*100)+'%',
    ## 在多订少--程多
    str(round(len(time_high_order_low_km_high)/len(
time_high_order_low), 2)*100)+'%'
    ] }

result = pd.DataFrame(data=data)
result
```

结果如表 14-9 所示。

表14-9　异常司机分类及占比

类型	人数占比	类型	人数占比
在多订多	41.0%	在少订多--程多	38.0%
在少订少	16.0%	在多订少	37.0%
在少订多	4.0%	在多订少--程少	55.0%
在少订多--程少	62.0%	在多订少--程多	45.0%

我们发现：

① 约16%的司机在线少订单也少，可能只是兼职，平台可以考虑激励措施。

② 长途单司机占比约为16.65%（在多订少 × 在多订少-程多 = 37%×45%）。

③ 高峰跑短途司机占比约为2.48%（在少订多 × 在少订多-程少 = 4%×62%）。

④ 大约20.35%的司机高付出但低回报（在多订少 × 在多订少-程少 = 37%×55%），可能是这部分司机没有掌握接单要领，需要指导，否则很可能会流失。当然，我们还需要结合更多的数据来判断他们是不是出工不出力，即长时间在线但不接单，混时长补贴。

14.3　数据解读小结

在一开始的数据探索中，我们通过计算每位司机的投入产出比，得出了单日效率最高/最低的司机，比较他们的数据后发现"在线时长"和"日收入"这两个结果指标存在异常。之后对其进行单维度分类，得到"大部分司机的收入还算不错，且都比较辛苦"的初步结论。

使用相关系数对数据进行初步探究时，发现了异常：在线时长越长，"完成订单数""订单实际总公里数"和"车费收入"这三者没有随之增长。所以猜测可能存在"部分相关，部分异常"的情况（异常部分抵消相关的部分，从而导致整体的相关性不强）。所以引入过程指标"完成订单数量"，并结合"在线时长"，进行两维度分类。

两维度分类后，根据业务知识，发现"在线多订单少"和"在线少订单多"这两种异常情况中，存在"长途单"和"高峰跑短途"这两种特殊情况，所以又引入里程数这一指标继续细化分析，最终得出初步结论。

最后总结一下本章案例中提到的通用数据分析方法：

①　通过对单一指标进行切割分类，将其分成不同类别，可以更好地探究其内部结构和对指定类别进行独立的分析，从而更好地理解数据的细节和特点。

②　在单维度分类的基础上，两维度分类可以同时考虑两个关键维度之间的关系，从而深入了解数据的特征。

③　当出现"根据常识来看应该具备较高相关性的两个指标，在进行相关系数分析后却显示无相关性"时，可对每个指标都进行维度切割，并使用矩阵法将其组合起来考虑。看看是否存在"部分相关，部分异常"的现象：部分数据的强相关性被另外一部分异常数据中和掉，导致整体的相关性不强。

④　通过分析结果指标发现潜在问题后，可逐步引入过程指标进行细化探究（本章案例在探究在线时长和日收入这两个结果指标的关系中发现了问题，逐步引入订单数量和里程数这两个过程指标）。

Python

第 15 章

网约车城市运营情况分析

本章的业务背景依然围绕网约车展开，在分析完网约车的广告投放渠道和司机的单日工作情况后，我们将对整个大区下各个城市的网约车运营情况进行更进一步的细化分析，数据集的读入和预览如下。

```
import pandas as pd
import numpy as np


df = pd.read_excel('网约车城市运营情况.xlsx')
df.head()
```

不同城市的网约车运营数据如表15-1所示。

表15-1　不同城市的网约车运营数据

星期	时段	城市	冒泡数	呼叫数	应答数	完单数	司机在线
周一	0	A市	29618	12616	11388	11276	13700
周一	1	A市	17822	7851	7025	6890	9217
周一	2	A市	12524	5616	4864	4747	6641
周一	3	A市	7232	3166	2724	2199	4939
周一	4	A市	6213	2447	1999	1794	4071

作为数据分析师，我们需要分析这个大区下五个城市的网约车运营情况，并给出优化的建议。数据指标解释如下：

- 时段：以小时为单位，0～23。
- 冒泡数：在平台设置好起点和终点的用户数量（用户选好起点和终点后，平台显示价格、附近车辆数、上车/到达时间等信息）。
- 呼叫数：呼叫司机用户的数量。
- 应答数：应答用户司机的数量。
- 完单数：订单完成的数量。
- 司机在线：每个时间段内（即每小时内），司机的在线人数。

15.1　多维度分析法

多维度分析法其实是对第11～14章提到的方法做一个灵活的组合。通过引入更多的维度，我们可以更全面地理解数据背后的模式和发现问题，从而更好地指导业务决策和优化策略。

以下是一些常用的多维度分析方法（每种方法的操作步骤其实大同小异，只是不同的分析师命名偏好不同）：

- 钻取分析：这是一种从总体到细分逐级深入的分析方法。它通过多个层级的维度来逐步深入分析数据的细节。例如，从整体的销售额分析，可以钻取到不同产品类别、不同地区或不同时间段的销售额，以获取更详细的洞察（有点像比例法，因为整体销售额=不同地区销售额的总和=各地区各时段各产品的细分销售额总和）。
- 切片/切块分析：它能将数据按照多个维度或标签进行切割和组合。通过切片，我们可以选择特定的维度来观察数据的特定子集（单维度分类法）；还可以对从不同指标切下来的特定切片进行组合分析，以探索交叉维度之间的关系（两维度分类法）。这种分析方法可以帮助我们更全面地理解数据的不同组合情况，发现隐藏的规律和问题。
- 数据透视分析和多维度可视化：透视分析是一种以交叉表格形式呈现数据的分析方法，即我们可以根据需要灵活地调整和组合维度、指标及筛选条件；之后通过可视化，发现数据中的趋势和异常。

15.2　指标关系梳理

多维度拆解问题的展开顺序应该遵循一定的逻辑。首先从梳理指标入手，这里先将指标划分成分类变量和连续变量。

（1）分类变量

- 城市：虽然表15-1的数据做了数据脱敏，但我们需要考虑不同城市的人均消费水平和生活节奏不同。
- 星期：周一到周日，可分为工作日和休息日。
- 时段：0～23点，不同的时段对应不同的出行需求，比如早晚高峰。

（2）连续变量

冒泡数、呼叫数、应答数、完单数、司机在线。

接着梳理指标之间的关系，第11章提到，指标体系中各指标之间的关系常分为并列、包含和流程三种，对应到该案例便是：

（1）并列关系

① 城市与城市之间。
② 每天的情况，每天不同时段的情况。

（2）包含关系

① 整个大区的运营情况由5个城市的情况组成。

② 周情况由日情况组成，日情况由每小时情况组成。

（3）流程关系

冒泡→呼叫→应答→完单。

指标梳理结果如图15-1所示。

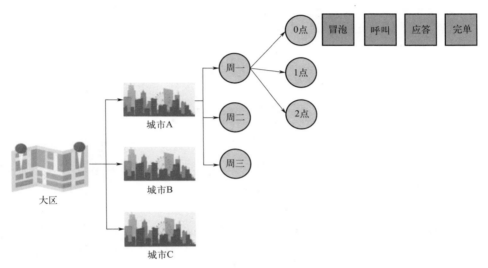

图15-1　指标梳理结果

15.3　多指标分析顺序

梳理完指标后，如果我们着急地想要使用已经掌握的分析方法进行分析，操作下来的结果往往会过于囿于细节，或者过于发散，最后东分析一下西分析一下，没有主线。笔者建议遵循"从大到小，从尾到头"的分析顺序。

这里的小和大分别指范围，尾和头分别指结果指标和过程指标。所以，本例可以先从大区和完单数开始看起。而大区下的五个城属于并列关系，所以问题可以转化成"大区下各城市的完单数情况"（图15-2）。

15.3.1　各城市完单情况分析

下面计算各城市的完单数，并使用整体结构法来制定参照标准，即将每个城市的表现与整体平均值对比。

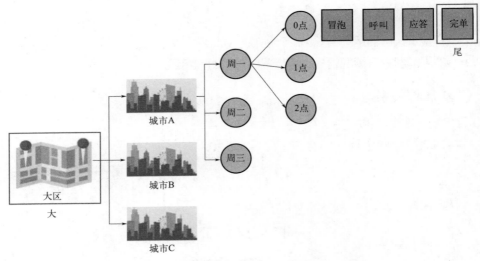

图15-2 先"大"和"尾"

```
city_finish_num = df.groupby(['城市'])['完单数'].sum().reset_index()

# 按照完单数从高到低排列
city_finish_num.sort_values(by='完单数', ascending=False,
inplace=True)
# 计算整体平均值
city_finish_num['平均值'] = round(np.mean(city_finish_num['完单数']))
# 将各城市的完单数除以平均值
city_finish_num['完单数/平均值(%)'] = round((city_finish_num['完单数']/
city_finish_num['平均值'])*100)

city_finish_num
```

各城市完单数情况如表15-2所示。

表15-2 各城市完单数情况

城市	完单数	平均值	完单数/平均值（%）	城市	完单数	平均值	完单数/平均值（%）
C市	3957520	3665949	108.0	B市	3610821	3665949	98.0
D市	3655778	3665949	100.0	E市	3486512	3665949	95.0
A市	3619113	3665949	99.0				

初步分析发现：各城市完单数情况的差距不算大，C市看起来最好，比平均值高8个百分点；E市看起来最差，比平均值低5个百分点。之所以用"看起来"这个词，是因为不同城市的人口和交通情况不同，只看完单数这一个结果指标显

然不够，还需要引入过程指标。

15.3.2　各城市过程指标分析

下面将计算每个城市的冒泡数、呼叫数、应答数和司机在线数量，然后计算每个司机平均能够接到的订单数量 [完单数 ÷ 司机在线（数量），以此作为每个城市的投入产出比]，最后将结果按照城市名称来拼接，代码如下。

```
# 计算每个城市的
city_bubble_num = df.groupby('城市')['冒泡数'].sum().reset_index()
city_call_num = df.groupby('城市')['呼叫数'].sum().reset_index()
city_answer_num = df.groupby('城市')['应答数'].sum().reset_index()
city_driver_num = df.groupby('城市')['司机在线'].sum().reset_index()

# 拼接表格
lists = [city_bubble_num, city_call_num, city_answer_num,
city_driver_num]
result = city_finish_num.drop(columns=['平均值'])

for table in lists:
    result = result.merge(table, on='城市')

result['人均完单量'] = round(result['完单数']/result['司机在线'],2)
result
```

结果如表15-3所示。

表15-3　各城市的过程指标计算结果

城市	完单数	完单数/平均值（%）	冒泡数	呼叫数	应答数	人均完单量
C市	3957520	108.0	7244300	4850460	4621680	1.61
D市	3655778	100.0	10436933	4393449	4027468	0.98
A市	3619113	99.0	11341762	4708803	4126801	0.86
B市	3610821	98.0	8493957	4358118	4222191	0.92
E市	3486512	95.0	10990002	4384481	4029768	0.91

为了方便我们发现问题，这里依然以整体结构法来制定参照标准，即将每个城市的过程指标与各自的整体平均值对比。

```
# 冒泡数 VS 平均值
result['冒泡数均值'] = round(np.mean(result['冒泡数']))
result['冒泡数/平均值(%)'] = round((result['冒泡数']/result['冒泡数均
```

```
值'])*100)

# 呼叫数 VS 平均值
result['呼叫数均值'] = round(np.mean(result['呼叫数']))
result['呼叫数/平均值(%)'] = round((result['呼叫数']/result['呼叫数均
值'])*100)

# 司机在线数 VS 平均值
result['司机在线均值'] = round(np.mean(result['司机在线']))
result['司机在线/平均值(%)'] = round((result['司机在线']/result['司机
在线均值'])*100)

# 每人次订单数 VS 平均值
result['总体完单量均值'] = round(np.mean(result['人均完单量']))
result['人均完单量/平均值(%)'] = round((result['人均完单量']/
result['总体完单量均值'])*100)

result[['城市','完单数/平均值(%)','冒泡数/平均值(%)','呼叫数/平均
值(%)','司机在线/平均值(%)','人均完单量/平均值(%)']]
```

结果如表15-4所示。

表15-4   过程指标整体结构分析

城市	完单数/ 平均值（%）	冒泡数/ 平均值（%）	呼叫数/ 平均值（%）	司机在线/ 平均值（%）	人均完单量/ 平均值（%）
C市	108.0	75.0	107.0	68.0	161.0
D市	100.0	108.0	97.0	102.0	98.0
A市	99.0	117.0	104.0	116.0	86.0
B市	98.0	88.0	96.0	108.0	92.0
E市	95.0	113.0	97.0	105.0	91.0

加入过程指标以后，我们计算整体的平均值并作为比较标准，并使用比例法求得每个城市每个司机的平均订单情况，发现C市在冒泡数和司机在线数都比整体平均值低很多的情况下，平均每个司机能接到的订单量和完单量却是最高的。相比之下，A市看起来有非常多的需求没被转化，具体体现在高冒泡数和司机在线数，但每个司机能接到的订单量却是最少的，接下来使用漏斗分析探究转化问题。

15.3.3   转化率分析

在"冒泡→呼叫→应答→完单"这一流程中，每个环节都会流失一部分用户，下面计算每个城市的最终转化率（完单数÷冒泡数）、呼叫率（呼叫数÷冒

泡数）、应答率（应答数÷呼叫数）和完单率（完单数÷应答数）。

```
result['最终转化率%'] = round(result['完单数']/result['冒泡数'], 2)
result['呼叫率%'] = round(result['呼叫数']/result['冒泡数'], 2)
result['应答率%'] = round(result['应答数']/result['呼叫数'], 2)
result['完单率%'] = round(result['完单数']/result['应答数'], 2)
result = result.sort_values(by='最终转化率%', ascending=False)
result[['城市', '呼叫率%', '应答率%', '完单率%', '最终转化率%']]
```

结果如表15-5所示。

表15-5 各城市各环节的转化率

城市	呼叫率%	应答率%	完单率%	最终转化率%	城市	呼叫率%	应答率%	完单率%	最终转化率%
C市	0.67	0.95	0.86	0.55	A市	0.42	0.88	0.88	0.32
B市	0.51	0.97	0.86	0.43	E市	0.40	0.92	0.87	0.32
D市	0.42	0.92	0.91	0.35					

从表15-5可以看到，城市A和城市C的各项数据差异最为极端，所以可以把它们两个单独拎出来探究。我们发现A市的呼叫率和应答率都偏低，最终转化率也低；C市虽然呼叫率和应答率都很高，但完单率却较低。

➤ 还能再继续钻取分析吗？

当然可以，我们可以继续引入新的指标，但依然要遵循"从大到小，从尾到头"的逻辑。冒泡数、呼叫数、应答数、完单数这几个流程指标都已经被使用，范围最大的"城市"也被使用了，所以引入范围第二大的"星期"（图15-3）。

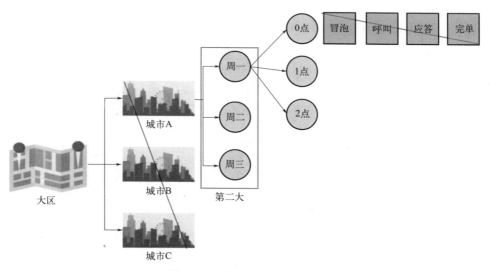

图15-3 引入过程指标"星期"

```
# 筛选城市 A 和 C
ca_city = df[df['城市'].isin(['A市', 'C市'])]
# 分组顺序，先按星期，再按城市
ca_data = ca_city.groupby(['星期', '城市'])[['冒泡数', '呼叫数', '应
答数', '完单数']].agg('sum')
ca_data = ca_data.reset_index()

# 指定星期列为 Categorical 类型，并按照指定顺序排序
week_order = ['周一', '周二', '周三', '周四', '周五', '周六', '周日']
ca_data['星期'] = pd.Categorical(ca_data['星期'], categories=week_
order, ordered=True)
ca_data = ca_data.sort_values('星期')
ca_data.head()
```

分组结果（节选）如表15-6所示。

表15-6　城市A、C分组聚合结果节选

星期	城市	冒泡数	呼叫数	应答数	完单数
周一	A市	1434468	618654	540087	478519
周一	C市	1048900	693320	664440	564920
周二	A市	1401869	589862	527823	458663
周二	C市	1249360	811740	721640	607780
周三	A市	1431230	596027	533182	471404

接下来计算两个城市的过程转化率，并通过分组和拼接等方式将数据调整成方便观察的形式。

```
ca_data['呼叫率'] = round(ca_data['呼叫数']/ca_data['冒泡数'], 2)
ca_data['应答率'] = round(ca_data['应答数']/ca_data['呼叫数'], 2)
ca_data['完单率'] = round(ca_data['完单数']/ca_data['应答数'], 2)
ca_data['最终转化率'] = round(ca_data['完单数']/ca_data['冒泡数'], 2)
a_data = ca_data.query('城市 == "A市"')[['星期', '城市', '呼叫率', '
应答率', '完单率', '最终转化率']]
c_data = ca_data.query('城市 == "C市"')[['星期', '城市', '呼叫率', '
应答率', '完单率', '最终转化率']]

result = pd.merge(a_data, c_data, on='星期', suffixes=('_a', '_c'))
result = result[['星期', '呼叫率_a', '呼叫率_c', '应答率_a', '应答率
_c', '完单率_a', '完单率_c', '最终转化率_a', '最终转化率_c']]
result
```

表15-7中，列名的后缀"_a"或"_c"表示所属城市。

表15-7 城市A、C每天的过程转化率

星期	呼叫率_a	呼叫率_c	应答率_a	应答率_c	完单率_a	完单率_c	最终转化率_a	最终转化率_c
周一	0.43	0.66	0.87	0.96	0.89	0.85	0.33	0.54
周二	0.42	0.65	0.89	0.89	0.87	0.84	0.33	0.49
周三	0.42	0.67	0.89	0.96	0.88	0.85	0.33	0.55
周四	0.41	0.68	0.9	0.97	0.89	0.86	0.33	0.57
周五	0.41	0.69	0.87	0.96	0.86	0.85	0.31	0.56

由表15-7可以看出：

① C市的呼叫率和最终转化率每天都比A市要高20%以上。

② 除了周二，C市的应答率均比A市高。

③ 周二似乎是一个比较特殊的日子，C市的最终转化率和应答率都比其他日子要低不少。

我们需要结合业务背景来提出一些问题的假设，再动手深入分析找证据，而不是一上来就漫无目的地深入。

➢ 呼叫率低可能说明了什么问题？

一般来说，低呼叫率表示有相当一部分的用户在冒泡（打开了网约车平台，输入起点和终点后算冒泡成功）完以后选择不呼叫，或者一个人冒泡N次。前者可能是用户在货比三家，即同时在多个平台比对打车价格（图15-4）；后者则可能是用户冒泡完看不到附近的车，所以在一小段时间内反复冒泡查看。

图15-4 不同网约车平台对比

➤ 应得率低说明什么问题?

以下是应答率低的可能原因:

① 司机供给不足:意味着当前供给的司机数量不足以满足乘客的叫车需求,也有可能是司机在特定时间段或地区不够活跃,比如特别容易堵车的路段或某段时间遭遇极端天气。

② 竞争激烈:网约车司机在冒泡请求多时,可能会选择性地应答冒泡请求,以获取更好的乘客订单,比如那些喜欢高峰路线跑短途的司机。

③ 服务质量问题:司机不按时应答、态度不好或车辆状况不佳等。这可能导致乘客选择其他服务提供商,从而降低应答率。

15.3.4　供需端分析

因为每笔订单是由司机和用户双方共同完成的,所以对供需两端进行分析非常重要。它可以帮助我们深入理解市场的动态和趋势,从而使我们做出更准确的业务决策。以下是对供需两端进行分析的好处:

① 确定市场需求:通过对需求端的分析,可以了解市场对产品或服务的需求程度。这有助于我们确定产品或服务的潜在市场规模和增长趋势,并根据需求的变化调整业务策略。例如,通过分析乘客的出行需求模式,我们可以决定在哪些地区或时段增加车辆供给,以满足市场需求。

② 优化供给策略:通过对供给端的分析,可以了解供给的情况,这对优化供应链和提高供给效率很有帮助,还可以确保供给与需求之间的平衡。例如,通过了解供给的情况,我们可以决定是否需要增加司机数量、改进选择入驻司机的标准或加强与司机的合作关系,以确保供给与需求之间的平衡。

③ 预测市场变化:通过同时分析供需两端,可以帮助我们捕捉市场的变化趋势和机会。例如,当需求高于供给时,表示市场价格可能上涨,定价策略需要随之改变;当供给超过需求时,竞争可能会加剧,这样便需要采取措施来提高产品或服务的竞争力。

④ 提升客户满意度:通过对供需两端进行分析,可以更好地了解乘客需求和市场趋势。这有助于我们开发出更符合市场需求的网约车服务,还可以提升乘客满意度并增加乘客忠诚度,从而促进网约车平台的业务增长。

在15.2节中,我们结合业务背景对分类指标"城市""星期"和"时段"做了标签切分。比如,不同的城市等级对应的人口和交通状况不同,星期可分为工作日和休息日,时段可分为早晚高峰和深夜、凌晨。而经过15.3节的逐步探索后,我们决定单独抽出城市C和城市A(差值最大的城市)来进行对比研究。

（1）需求端

这里我们依然遵循"从大到小，从尾到头"的分析逻辑，选择探究工作日和休息日的完单情况，并用上颗粒度最细的指标"时段"。

```python
# 区分工作日和非工作日
workday = ca_city[~ca_city['星期'].isin(['周六', '周日'])]
weekend = ca_city[ca_city['星期'].isin(['周六', '周日'])]


fig = plt.figure(figsize=(18, 5))
ax1 = fig.add_subplot(1, 2, 1)
ax2 = fig.add_subplot(1, 2, 2)


sns.lineplot(data=workday.groupby(['城市', '时段'])['完单数'].sum().
reset_index(), x='时段', y='完单数', marker='o', hue='城市', ax=ax1)
ax1.set_xticks(workday['时段'])
ax1.set_title('工作日 - 每时段完单数对比')
ax1.grid(True)


sns.lineplot(data=weekend.groupby(['城市', '时段'])['完单数'].sum().
reset_index(),x='时段', y='完单数', marker='o', hue='城市', ax=ax2)
ax2.set_xticks(weekend['时段'])
ax2.set_title('周末 - 每时段完单数对比')
ax2.grid(True)


sns.despine(left=True, offset=10)
```

结果如图15-5所示（见下页）。

看绝对数值没有意义（图15-5），因为城市不同，人口和交通情况也不同，所以我们要把关注点放在折线的变化趋势上。此时会发现：

① C市的用户上下班时间段用车需求强烈：工作日C市折线的7、8、14、17和18点的完单数显著高于其他时间段。

② A市的用户上下班时间段用车需求不强烈（刚需用户少），而是更倾向在非工作日的非工作时间出门：工作日A市折线在8点后一直都比较平稳，而周末则是非工作时间段的完单数更多。

于是我们可以推断：像A这样的城市，可以把一部分运营重心放在挖掘上下班刚需用户上，这样更有利于培养市场。

（2）供给端

当说到供给端时，我们需要看的是用户眼中的供给，这样才最真实，而不是根据司机口中的"我觉得我们这个城市很多/很少跑网约车的"来判断。先来看工作日和休息日每个司机应对的冒泡数。如果数值过高，表示司机可能忙不过来，供给不足；反之则供给充足。

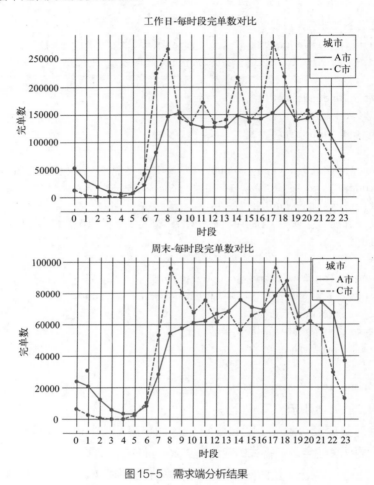

图15-5　需求端分析结果

下面分别计算工作日和休息日的供给端情况。

```
workday = workday.eval('每个司机应对的冒泡数 = 冒泡数/司机在线')
weekend = weekend.eval('每个司机应对的冒泡数 = 冒泡数/司机在线')


fig = plt.figure(figsize=(18, 5))
ax1 = fig.add_subplot(1, 2, 1)
ax2 = fig.add_subplot(1, 2, 2)


sns.lineplot(data=workday.groupby(['城市', '时段'])['每个司机应对的冒
```

```
泡数'].mean().reset_index(), x='时段', marker='o', y='每个司机应对的冒
泡数', hue='城市', ax=ax1)

ax1.set_xticks(workday['时段'])
ax1.set_xticks(workday['时段'])
ax1.set_title('工作日 - 每时段每个司机应对的冒泡数')
ax1.grid(True)

sns.lineplot(data=weekend.groupby(['城市', '时段'])['每个司机应对的冒
泡数'].mean().reset_index(), x='时段', marker='o', y='每个司机应对的冒
泡数', hue='城市', ax=ax2)
ax2.set_xticks(weekend['时段'])
ax2.set_xticks(weekend['时段'])
ax2.set_title('周末 - 每时段每个司机应对的冒泡数')
ax2.grid(True)

sns.despine(left=True, offset=10)
```

分析结果如图15-6所示。

从图15-6中发现：

① 工作日C市的供给比A市的少一些（每个司机对应的冒泡数越少，说明供给越多），但上下班高峰期时两者差距不大（工作日C市折线几乎都在A市折线上，7 ~ 10和18 ~ 19点的差距很小）。

② 周末除22点到凌晨5点、7点、20点，C市的供给高于A。

综合供需两端，发现A市的需求和供给都比较旺盛，但刚需用户少。司机端的周末和高峰期上线比例不佳，应答不够积极，推测可能是兼职司机比较多；C

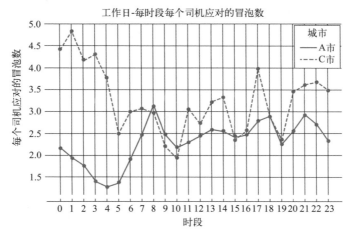

图 15-6

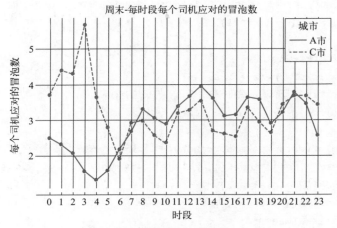

图 15-6　供给端分析结果

市的司机看起来更有经验，更多的在工作日高峰期上线，过了19:00就收工休息。

（3）C市周二发生了什么？

对 C 市每天的冒泡数对比（表 15-7）进行分析后发现：周二 C 市的最终转化率和应答率都比其他日子要低。这里我们也可以对供需两端进行分析，先看需求端周二各时段的冒泡数与其他日子相比有什么不同？见图15-7。

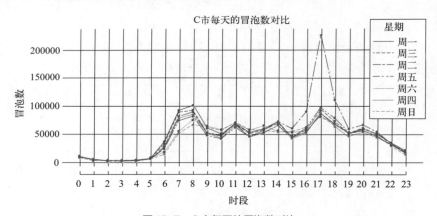

图 15-7　C 市每天的冒泡数对比

```
# 需求端：顾客冒泡数
c_city = df.query('城市 == "C市"')
plt.figure(figsize=(10, 4))
sns.lineplot(data=c_city.groupby(['星期', '时段'])['冒泡数'].sum().
reset_index(), x='时段', y='冒泡数', marker='o', hue='星期')
```

```
plt.xticks(c_city['时段'])
plt.title('C市每天的冒泡数对比')
plt.grid(True)
sns.despine(left=True, trim=True, offset=10)
```

周二下午的下班高峰期（17～18时）用户需求激增，猜测和突发的恶劣天气有关，导致很多原本打算以其他方式通勤的用户临时改变计划。

再来看供给端能否应对激增的需求，这里选用应答率和完单率两个指标。

```
# 供给端
c_tuesday = df.query('星期 == "周二"').query('城市 == "C市"')
c_tuesday['呼叫率'] = round(c_tuesday['呼叫数']/c_tuesday['冒泡
数'], 2)
c_tuesday['应答率'] = round(c_tuesday['应答数']/c_tuesday['呼叫
数'], 2)
c_tuesday['完单率'] = round(c_tuesday['完单数']/c_tuesday['应答
数'], 2)
c_tuesday['最终转化率'] = round(c_tuesday['完单数']/c_tuesday['冒泡
数'], 2)


plt.figure(figsize=(12, 6))
# plt.plot(c_tuesday['时段'], c_tuesday['呼叫率'], label='呼叫率')
plt.plot(c_tuesday['时段'], c_tuesday['应答率'], label='应答率',
marker='o')
plt.plot(c_tuesday['时段'], c_tuesday['完单率'], label='完单率',
marker='o')


plt.legend()  # 设置图例
plt.xticks(c_tuesday['时段'])  # 设置横轴刻度
plt.xlabel('时段'); plt.ylabel('比率')
plt.title('C市周二各个时段的应答率和完单率')
plt.grid(True)
sns.despine(trim=True, left=True, offset=10)
```

折线图如图15-8所示。

由图15-8可以看出，临时激增的需求导致周二17时的应答率和完单率骤降。周二属于工作日，所以可以单独抽出周二的16～19时段，与工作日非周二的这个时段对比：

```
# 周二16～19时的应答率和完单率
c_tuesday_rush_hour = c_tuesday[c_tuesday['时段'].isin([16, 17, 18,
19])][['星期', '时段', '应答率', '完单率']]
```

```
# 非周二
c_city['应答率'] = round(c_city['应答数']/c_city['呼叫数'], 2)
c_city['完单率'] = round(c_city['完单数']/c_city['应答数'], 2)
c_except_tuesday_rush_hour = c_city[~c_city['星期'].isin(['周二'])]
result = c_except_tuesday_rush_hour.groupby(['时段'])[['应答率', '完
单率']].agg('mean').reset_index()
result[['应答率', '完单率']] = round(result[['应答率', '完单率']], 2)
result['星期'] = ['非周二']*24
result = result[result['时段'].isin([16, 17, 18, 19])][['星期', '时
段', '应答率', '完单率']]

# 拼接表格
pd.merge(c_tuesday_rush_hour, result, on='时段', suffixes=['（周二）',
'（非周二）']) # suffixes可以定制两个表中重复列的列名后缀，以便区分
```

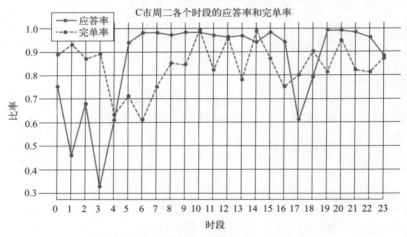

图15-8   C市周二各时段的应答率和完单率

从表15-8可以看出，临时激增的需求使得周二的应答率和完单率比其他工作日
要低，尤其是应答率，这可能会引发大量的投诉，导致用户的满意度和忠诚度下降。

表15-8   C市周二和非周二的高峰时段应答率与完单率对比

星期 （周二）	时段	应答率 （周二）	完单率 （周二）	星期 （非周二）	应答率 （非周二）	完单率 （非周二）
周二	16	0.94	0.75	非周二	0.98	0.87
周二	17	0.61	0.8	非周二	0.97	0.87
周二	18	0.79	0.9	非周二	0.98	0.85
周二	19	0.99	0.81	非周二	0.99	0.82

15.4 多维度分析小结

本章提到的各种多维度分析方法可以推广到各个领域和案例，下面小结一下当数据分析需要从多个维度入手时，值得注意的事项：

① 切忌心急，不要上来就盲目操作（比如套方法和绘制各种肤浅的分析图表）。

拿到数据后，首先需要做的是多了解案例/业务的背景知识，并梳理指标间的关系（第11章讲到的三种常见指标关系）。笔者推荐以导图的形式来梳理（图15-1），这样不仅十分清晰和方便随时回看，还可以对已经使用过的指标打上标记，防止在指标很多时漏考虑。

② 分析时遵循"从大到小，从尾到头"的逻辑，不要过早地发散和囿于细节。

小和大指范围，对应并列的指标体系，通常是分类变量；尾和头分别指结果指标和过程指标，对应流程指标体系，一般是连续变量。当分析初见端倪时，再慢慢将范围缩小（比例法、整体结构法）和加入过程指标（漏斗分析）。

③ 合理地使用供需分析法。

当数据涉及供需关系时，建议融入供需分析。作为一个综合性的方法，它能帮助我们评估市场的机会（不足）、优化资源分配及预测未来的供需情况。供需分析法通常在整个分析过程的后期阶段引入，来提供更深入的洞察。

第 **16** 章

AB 测试－教育类网站改版分析

　　为了提升用户体验，在实际的业务场景中，经常会对产品的版本进行优化和迭代。然而该如何确定迭代后的新版本给用户带来的体验就一定比老版本要好呢？除了通过招募试用用户体验等方法外，最直接的方法就是 AB 测试。

16.1 AB测试原理

AB测试中的A代表对照组，B代表实验组。它是一种应用假设检验方法的实验设计，其目的是通过统计分析来验证产品或策略的效果差异是否达到显著水平。

AB测试最早起源于医学领域。一款新药被研发出来后，医学工作人员为了研究其效果及副作用，会将患者随机分成两组，并在两组患者不知情的情况下分别给予测试用药和安慰剂（没有实际药理作用的虚拟治疗物质，比如生理盐水或无害的胶囊等）。用药一段时间后，比较这两组患者的症状改善程度是否具有显著的差异，从而判断该药是否有效等，这就是医学上的"双盲实验"。

一句话概括AB测试：将统计学应用到实际业务中，通过小范围对比的方式，得到一个可以使效果最大化且可信度高的结论，最终推广到全范围。

本章以某教育网站改版分析为例。我们将网页界面拆分成多个版本，在同一时间段里，分别让同质化的用户使用，这些用户在基本属性（性别、年龄、地理位置等）和特征上（兴趣爱好等）具有很大的相似性。这样可以在对比不同版本的效果时，排除个体差异对结果的影响，从而更准确地评估各个版本的效果差异。

该网站获取新用户的流程是一个漏斗模型（图16-1）：浏览主页 > 点击并探索课程详情页 > 填写信息注册课程 > 学习并完成课程。

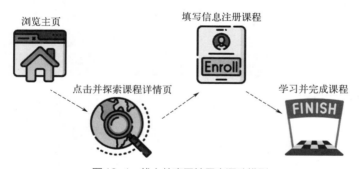

图16-1 线上教育网站用户漏斗模型

流程越深入，该网站流失的用户就越多，能进入最后阶段的用户寥寥无几。为了提高学员参与度，提高每个阶段之间的转化率，网站的设计师试着做出一些改动（界面设计、流程优化和算法推荐等），并对改动进行A/B测试。

数据读入代码展示如下。

```
import pandas as pd
import numpy as np
```

```python
import matplotlib.pyplot as plt
plt.rc('font', **{'family': 'Microsoft YaHei, SimHei'})
# 设置中文字体的支持

# 主页
homepage = pd.read_csv('homepage_actions.csv')
# 课程详情页
course_page = pd.read_csv('course_page_actions.csv')
# 课程学习页
classroom_page = pd.read_csv('classroom_actions.csv')

homepage.sample(5)
course_page.sample(5)
classroom_page.sample(5)
```

三个网页的数据节选如表16-1 ～表16-3所示。

表16-1   主页数据节选

timestamp	id	group	action
2016-11-03 16:36:04.106001	616686	control	view
2016-12-05 23:52:49.316334	846863	experiment	view
2016-11-17 11:55:12.159215	490766	experiment	view
2016-09-29 05:46:53.029567	550280	control	click
2016-12-07 10:20:35.236336	784933	control	click

表16-2   课程详情页数据节选

imestamp	id	group	action	duration
2016-11-02 13:26:09.559805	774220	control	view	233.452964
2016-10-06 20:16:11.249311	612767	control	view	32.961013
2017-01-02 15:05:18.356507	360727	experiment	enroll	104.923990
2016-12-01 16:22:18.498218	804249	control	view	128.405050
2016-12-01 21:43:48.480985	767921	experiment	view	127.229600

表16-3   课程学习页数据节选

timestamp	id	group	total_days	completed
2015-12-26 15:49:24.910223	911950	control	85	True
2015-09-08 20:02:01.150185	903873	experiment	71	False
2016-01-05 05:10:36.485473	743537	control	90	True
2015-09-16 06:05:42.325686	326660	experiment	21	False
2016-01-06 22:16:42.212801	654937	experiment	64	False

三个表中都有的列的含义如下：

- timestamp：时间戳，记录用户行为的时间。
- id：用户ID，这个是唯一的标识，每个表中可能会有重复（一个用户重复的行为也会被记录），但不同表之间不会重复。
- group：用户所在组别。control表示对照组，用户看到的都是旧版网页；experiment表示实验组，用户看到的都是新版网页。
- homepage和course_page中的action，该分类变量的值有view、click和enroll。
- homepage表中的action变量分为view和click，分别表示"仅浏览"和"浏览后点击"。

course_page表中的action变量分为view和enroll，分别表示"仅浏览"和"浏览后注册"。需要注意的是，课程详情页course_page由主页homepage跳转而来，这意味着homepage的action为click的用户才有机会看到course_page。

course_page的变量duration表示用户在该页面上停留的时间（s）；classroom_page的变量total_days表示用户在课程详情页上停留的时间（可以看作参与时长），completed表示课程是否完整地学习完。

16.2　问题探索

了解数据表的含义后，根据业务背景和需求，本章将着重探究以下几个问题：

① 改版后的主页（homepage）是否能够提高用户点击率？

② 改版后的课程详情页（course_page）是否更有吸引力，即能否增加用户的停留时长和注册率？

③ 改版后的课程学习页（classroom_page）能否提升用户的完课率？

（1）homepage点击率

先来看改版后的课程主页对用户点击率的影响。

```
# 对照组点击率
control_click_num = homepage[ (homepage['group']=='control') &
                    (homepage['action']=='click') ]['id'].nunique()
control_view_num = homepage[ (homepage['group']=='control') &
                   (homepage['action']=='view') ]['id'].nunique()
```

```
control_ctr = round((control_click_num*100 / control_view_num), 4)

print(f'对照组...')
control = {'点击数': control_click_num,
           '浏览数': control_view_num,
           '点击率': str(control_ctr) + '%'}
print(control)

print('-'*45)

# 实验组点击率
exp_click_num = homepage[ (homepage['group']=='experiment') &
                    (homepage['action']=='click') ]['id'].nunique()
exp_view_num = homepage[ (homepage['group']=='experiment') &
                    (homepage['action']=='view') ]['id'].nunique()
exp_ctr = round((exp_click_num*100 / exp_view_num), 4)

print(f'实验组...')
exp = {'点击数': exp_click_num,
       '浏览数': exp_view_num,
       '点击率': str(exp_ctr) + '%'}
print(exp)
```

代码中的筛选数据操作，以筛选对照组中action的值为click的用户为例，即"control_ click_num=homepage[(homepage['group']=='control')&(homepage['action']=='click')]['id'].nunique()"。

长条的代码中，先将homepage['group']=='control'和homepage['action']=='click'这两个条件用逻辑表达式&连接起来，再在外层用homepage[]包裹，这样便返回一个DataFrame。但我们只需要统计数量，即用户的ID数，又因为用户会有重复操作，即时间段内同一用户的每次点击或者滚动浏览都会被记录下来，所以需要用nunique()函数来统计唯一值的个数（所以很多时候用于AB测试的数据集有几千甚至上万条，筛选组别和行为，再使用nunique()函数后一下就只剩下几百条了）。实验组以及其他网页的筛选原理也一样。

➤ 点击率不应该是"点击量÷（点击量+浏览量）"吗？为什么代码使用的是"点击量÷浏览量"？

能够想到这一点的读者非常细心。网页AB测试中，用户的所有行为（每一次滚动鼠标浏览/点击）都会被后台记录下来。所以，被记录为click的用户，必定也至少会有一条甚至是多条对应的view（必须得先浏览网站才有点击，）。换句话说，浏览量其实已经包含了点击量。

结果输出如图16-2所示。

（2）course_page注册率和浏览时长

注册率的代码计算和homepage点击率的几乎一样，只是需替换数据集名称和部分列名，所以这里直接展示结果，如图16-3所示。

```
对照组...
{'点击数': 932, '浏览数': 3332, '点击率': '27.9712%'}
------------------------------------------------
实验组...
{'点击数': 928, '浏览数': 2996, '点击率': '30.9746%'}
```

图16-2　homepage不同组的点击率

```
对照组...
{'注册数': 375, '浏览数': 1586, '注册率': '23.6444%'}
------------------------------------------------
实验组...
{'注册数': 439, '浏览数': 1645, '注册率': '26.6869%'}
```

图16-3　course_page不同组的注册率

注册率的计算公式与点击率类似，公式为"注册数÷浏览数"，因为注册的用户必定会至少浏览一次。

对比用户的停留时长时，笔者推荐使用seaborn库的概率密度曲线图，它能清晰直观地展示连续变量的分布，在帮助我们识别数据中异常值的同时还能输出均值和标准差等统计信息。

```python
from scipy.stats import norm  # 用于拟合正态分布曲线
import seaborn as sns
# 设置布局
fig = plt.figure(figsize=(16, 4))
ax1 = fig.add_subplot(121)
ax2 = fig.add_subplot(122)


exp_duration=course_page.query('group=="experiment"').dropna()
['duration']
con_duration=course_page.query('group=="control"').dropna()
['duration']


# 实验组 experiment
sns.distplot(exp_duration, fit=norm, color='#F77B72',
             kde_kws={"color":'#F77B72', "lw":3 }, ax=ax1)
mu,sigma = norm.fit(exp_duration)  # 求同等条件下正态分布的 mu 和 sigma
# 添加图例: 使用格式化输入, loc='best' 表示自动将图例放到最合适的位置
ax1.legend(['Normal dist.($\mu=${:.2f} and $\sigma=$ {:.2f} )'.
          format(mu, sigma)] ,loc='best')

# 对照组 control
```

```
sns.distplot(con_duration, fit=norm, color='#4CB5AB',
                kde_kws={"color": '#4CB5AB', "lw":3 }, ax=ax2)
mu,sigma = norm.fit(con_duration)  # 求同等条件下正态分布的 mu 和 sigma
# 添加图例：使用格式化输入，loc='best' 表示自动将图例放到最合适的位置
ax2.legend(['Normal dist. ($\mu=$ {:.2f} and $\sigma=$ {:.2f} )'.
                format(mu, sigma)] ,loc='best')
# 给子图添加标题
ax1.set_title('实验组浏览时长分布 ')
ax2.set_title('对照组浏览时长分布 ')
```

sns. displot函数的用法可参考官方文档。

笔者展示了最常用的参数，绘制结果如图16-4所示，黑线表示在这样的均值和标准差条件下，标准的正态分布曲线，可以方便我们对比数据的分布与标准正态分布的偏差程度。

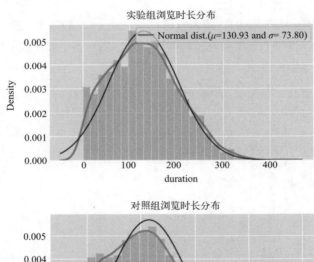

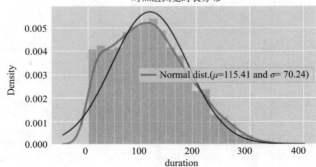

图16-4   course_page浏览时长分析

从图16-4可以看出：实验组浏览时长的均值比对照组要多15秒，而标准差只多3秒。这意味着实验组的浏览时长整体上比对照组更长，且实验组内部的浏览

时长差异相对较小。

（3）classroom_page完课率

完课率计算公式为"完课人数÷总人数"，代码和结果（图16-5）如下。

实验组完课率：　0.3935

对照组完课率：　0.372

图16-5　classroom_page完课率分析

```python
exp_group = classroom_page.query('group == "experiment"')
con_group = classroom_page.query('group == "control"')

# 计算实验组的完课率
exp_completed = exp_group[exp_group['completed'] == True]
exp_completion_rate = len(exp_completed) / len(exp_group)

# 计算对照组的完课率
con_completed = con_group[con_group['completed'] == True]
con_completion_rate = len(con_completed) / len(con_group)

# 打印结果
print("实验组完课率: ", round(exp_completion_rate,4) )
print("对照组完课率: ", round(con_completion_rate,4) )
```

最后，将我们上述的探索结果汇总成表16-4。

表16-4　问题探索结果汇总

组别	homepage 点击率	course_page 注册率	course_page 浏览时长均值、标准差	classroom_page 完课率
对照组	27.97%	23.64%	115.41、70.24	37.2%
实验组	30.97%	26.69%	130.93、73.80	39.3%

这么看来，改版后的网页在吸引用户、促进注册和提高课程完成度方面产生了积极的影响。接下来需要通过数据抽样和假设检验来进一步验证：对照组和实验组的差异并非偶然产生，而是十分显著且能通过检验。

16.3　改版效果检测

通常情况下，可以认为样本量与显著性水平的关系如表16-5所示。

表16-5   样本量和显著性水平的关系

样本量	显著性水平	样本量	显著性水平
$\leqslant 100$	10%	$500 < n \leqslant 1000$	1%
$100 < n \leqslant 500$	5%	$n > 1000$	0.1%

所以，需要控制用于假设检验的样本数量，过多过少都不适合。本节将分别对homepage、course_page和classroom_page三个网页的对照组和实验组进行假设检验，探究改版后的表现（表16-4）是否具有显著性。对于每个网页，我们都会先进行分层抽样（对照组和实验组中各抽一部分用户），再根据变量的类型选择合适的检验方法。

16.3.1   分层抽样函数

有时候我们需要按照某一分类变量的层次对数据集进行分层抽样，比如像图16-6那样，将这个100行的数据集按照分类变量group中的层级来进行抽样，每层抽5个。

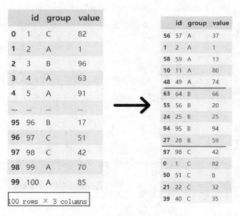

图16-6   分层抽样需求示例

十分麻烦但有效的操作流程是：先将数据集中group=A/B/C的子集单独抽出来，然后对每一个子集进行.sample(5)的随机抽样操作，得出新的三个容量为5的子集，最后再将这三个子集纵向拼接。

这里笔者提供一个简单快捷的groupby方法。

```
sample_size = 3
stratified_sample=dataset.groupby('group',group_keys=False).
apply(lambda x: x.sample(sample_size))
stratified_sample
```

上面的代码中，首先使用groupby函数按照group字段进行分组，group_keys是groupby函数中的一个参数，设置成False是为了让分组后的结果保留分组键（即group列）作为结果的索引。然后使用apply方法在每个分组中进行抽样（抽3个）。sample方法用于从每个分组中随机选择指定数量的样本。分层抽样结果如表16-6所示。

表16-6 指定个数的分层抽样结果

id	group	value	id	group	value
90	A	41	23	B	48
29	A	3	17	C	36
59	A	13	10	C	14
14	B	98	41	C	76
25	B	25			

如果想按照一定比例进行分层抽样呢？只需要把上段代码中的sample_size换成0～1之间任意一个数，并添加进apply函数里的.sample()中即可。代码如下：

```
print('原数据集中 group 下各分类的个数:')
print(dataset['group'].value_counts())
print('\n')


# 定义要抽取的百分比
sample_percent = 0.05  # 5%
stratified_sample=dataset.groupby('group',group_keys=False).
apply(lambda x: x.sample(frac=sample_percent))
print(f'按照 {sample_percent} 的比例进行分层抽样后，新数据集中 group 下
各分类的个数：')
print(stratified_sample['group'].value_counts())
```

结果如图16-7所示。

```
原数据集中 group 下各分类的个数:
A    34
B    34
C    32
Name: group, dtype: int64


按照 0.05 的比例进行分层抽样后，新数据集中 group 下各分类的个数:
A    2
B    2
C    2
Name: group, dtype: int64
```

图16-7 指定比例的分层抽样结果

16.3.2　主页点击率

主页的数据节选如表16-1所示，我们需要对不同组别的点击率做假设检验，因为view和click都是分类变量，所以将选用卡方检验。

这里我们选择按照个数来进行分层抽样，每个组别抽300个，然后制作列联表并进行卡方检验。零假设为实验组的点击情况比对照组要好，显著性水平选1%，p值的标准为0.01。代码如下：

```
sample_size = 300
stratified_sample=homepage.groupby('group',group_keys=False).
apply(lambda x: x.sample(sample_size))
cross_tab=pd.crosstab(index=stratified_sample['group'],columns=stratif
ied_sample['action'])

import scipy.stats as stats
# 执行卡方独立性检验
chi2, p_value, _, _ = stats.chi2_contingency(cross_tab)

# 打印结果
cross_tab
print("卡方值: ", chi2)
print("p值:", p_value)
```

列联表和检验结果如图16-8所示。p值刚好比0.01小一点，说明主页在改版后确实对点击率的提升有促进作用。

16.3.3　课程详情页注册率和浏览时长

课程详情页的数据节选如表16-2所示，我们需要对不同组别的注册率和浏览时长做假设检验。

action	click	view
group		
control	63	237
experiment	92	208

卡方值：　6.819862268938021
p值：0.009014952036918709

图16-8　homepage点击率卡方
检验结果

（1）注册率

因为view和enroll都是分类变量，所以继续选用卡方检验。

这里依然选择按照个数来进行分层抽样，每个组别抽300个，然后制作列联表并进行卡方检验。零假设为实验组的注册情况比对照组要好，显著性水平选1%，p值的标准为0.01。代码如下：

```
sample_size = 300
```

```
stratified_sample=course_page.groupby('group',group_keys=False).
apply(lambda x: x.sample(sample_size))
cross_tab=pd.crosstab(index=stratified_sample['group'],
columns=stratified_sample['action'])

import scipy.stats as stats
# 执行卡方独立性检验
chi2, p_value, _, _ = stats.chi2_contingency(cross_tab)

# 打印结果
cross_tab
print("卡方值: ", chi2)
print("p值:", p_value)
```

列联表和检验结果如图16-9所示。p值远大于0.01，说明课程详情页改版后的注册率与原版的差别不显著。

action	enroll	view
group		
control	52	248
experiment	67	233

卡方值：2.0545432310138194
p值：0.15175275733556864

图16-9　course_page
注册率卡方检验结果

（2）浏览时长

实验组和对照组的浏览时长duration是两个连续变量，且总体情况未知（均值、标准差），所以选用双样本t检验，零假设是实验组的用户浏览时长比对照组的长。代码如下：

```
# 总体未知，可采用双样本t检验
from scipy import stats

exp_duration = course_page.query('group == "experiment"').dropna()
['duration']
con_duration = course_page.query('group == "control"').dropna()
['duration']

# 执行双样本t检验
t_statistic, p_value = stats.ttest_ind(exp_duration, con_duration)

# 使用format函数控制输出格式
print("t统计量: {:.6f}".format(t_statistic))
print("p值: {:.6f}".format(p_value))
```

"t统计量"和"p值"结果如图16-10
所示。

t 统计量：6.843430

p 值：0.000000

图16-10　课程详情页浏览时长t检验结果

p值为0，说明用户在改版后的课程
详情页上停留时间更长。综合图16-9和图
16-10，说明用户在课程详情页上的停留时长与注册率不一定呈正相关关系。

16.3.4　课程学习页完课率

课程学习页的数据节选如表16-3所示。我们需要对不同组别的完课率做假设
检验，因为completed中的True和False都是分类变量，所以选用卡方检验。

选择按照个数来进行分层抽样，每组450个。零假设为实验组的完课率比对
照组的要好，显著性水平选1%。代码如下：

```
sample_size = 450
stratified_sample=classroom_page.groupby('group',group_keys=False).
apply(lambda x: x.sample(sample_size))
cross_tab=pd.crosstab(index=stratified_sample['group'],
columns=stratified_sample['completed'])

import scipy.stats as stats
# 执行卡方独立性检验
chi2, p_value, _, _ = stats.chi2_contingency(cross_tab)

# 打印结果
cross_tab
print("卡方值：", chi2)
print("p值：", p_value)
```

结果如图16-11所示，p值远大于0.01，说明课程学习页在改版后的完课率与
原版网页没有显著性差异。

completed	False	True
group		
control	264	186
experiment	282	168

卡方值：1.3456882100949898
p值：0.2460333264809309

图16-11　classroom_page完课率卡方检验结果

16.3.5　分析汇总

前几个小节的分析汇总如下：

① 主页改版后对点击率有促进作用，说明一些元素或关键功能的优化起了作用。

② 课程详情页改版后的注册率与原版没有显著差别，所以应该继续优化页面设计、注册流程或课程信息的呈现方式，以提高用户的注册意愿。虽然注册率没有明显变化，但用户愿意停留更长的时间，这是一个积极的结果。可以进一步分析用户在页面上停留时的具体行为和互动内容，借以了解他们的兴趣点和需求；并根据这些观察来进一步改进页面内容、呈现方式或交互设计，提供更有吸引力和有价值的信息，进一步提高用户参与度和转化率。

③ 改版后的课程学习页与原版在完课率上没有显著差异，可从以下几点着手改进：学习资源的组织和导航、增加互动和个性化学习体验，以及提供更清晰的学习目标和反馈机制。

16.4　AB测试的不足

AB测试在实际应用中可能会存在以下几点问题：

（1）学习效应和用户抗拒改变的心理

假如网页做了一个醒目的改版，比如将某个按钮的颜色从暗色调成亮色，可能很多用户刚看到时会因为觉得新奇而去点击该按钮，导致点击率在一段时间内上涨。但长时间来看，新鲜劲过了之后点击率可能又恢复到原来的水平，这种现象被称为学习效应。抗拒改变的心理则是可能会有部分老用户因为纯粹不喜欢改变（花时间适应）而更偏爱旧版本，哪怕从长远来看新版本更好。

解决办法：一是把观察的周期拉长，等学习效应和用户抗拒改变的心理都慢慢趋于稳定后再进行测试。二是只关注新用户，因为新用户并不知道老版本是什么样子的，所以不存在学习效应。

（2）网络效应

该效应常出现在与社交网络有关的AB测试上。例如，某社交App改动了其中一个功能，希望该功能让实验组的用户更加活跃。但在分组阶段，实验组用户的好友却没有被分配到实验组，而是在对照组。这样一来，如果实验组用户更活跃（比如更频繁地发动态），那么对照组的部分用户（实验组用户的好友）便会在刷动态时和实验组互动，于是本质上对照组的部分用户也相当于受到了新功能的影响，AB测试就无法很好地检测出相应的效果。

解决办法：一开始就从地理上区分用户，这种区分方式尤其适合网约车这种几乎能完全从地理上分隔开来的产品，比如广州是实验组，深圳是对照组。只要两个城市的样本量接近即可。或者从用户层面进行分离，以刚提到的社交网站为例，可以按照用户的亲密关系区分为不同的分层，按照用户分层来做实验。

（3）多重检验问题

多重检验问题指在进行多个假设检验时，存在多个因素同时作用在同一个问题上的可能性。在AB测试中，通常会对多个指标进行检验，例如用户活跃度、转化率和用户满意度等。但每个指标都可能受到多个因素的影响，如新功能、用户特征、运营策略等。

多重检验问题的存在会导致以下几种情况：

① 增加假阳性率：当进行多个假设检验时，即使每个单独检验的显著性水平设定为alpha，多次检验的累积显著性水平可能会超过alpha，从而增加出现假阳性（错误拒绝零假设）的概率。

② 结果解释困难：当多个因素同时作用时，很难确定具体哪个因素对观察到的效果贡献最大。因此，解释结果变得更加复杂和困难。

为了解决多重检验问题，可以采取以下方法：

① 多重比较校正：使用多重比较校正方法（如Bonferroni校正、Holm-Bonferroni校正、Benjamini-Hochberg校正等）来控制多重比较的错误发现率。这可以有效降低假阳性率，并提高结果的可靠性。Bonferroni校正的Python代码如下，其他的校正方法读者可自行参考官方文档。

```python
import numpy as np
from statsmodels.stats.multitest import multipletests

# 假设我们有三个假设检验的p值
p_values = [0.01, 0.03, 0.06]
# 设置显著性水平
alpha = 0.05

# 对p值进行Bonferroni校正
reject, corrected_p_values, _, _ = multipletests(p_values,
alpha=alpha, method='bonferroni')

# 打印校正后的p值和拒绝原假设的结果
```

```
for i, p_value in enumerate(corrected_p_values):
    print(f'原始p值：{p_values[i]}，校正后的p值：{p_value}，拒绝原
假设：{reject[i]}')
```

② 优先级设定：在进行多个假设检验之前，确定主要关注的指标和因素，并
对其进行优先级设定。这样可以帮助减少多重检验的数量，集中分析重要因素的
影响。

③ 整体分析：使用主成分分析、聚类分析或者多维度分析法来综合考虑多个
指标和因素的效果，而不是仅仅关注单个指标的显著性。这可以帮助更好地理解
不同因素之间的相互作用。

第 **17** 章

用户价值分析

用户价值分析能够帮助企业评估和衡量客户对营收的贡献程度。通过综合考虑用户的消费金额、购买频率和平均订单价格等指标，可以将用户划分为具有相似特征或行为的群体。这样一来，企业便可以更好地了解不同用户群体的需求、喜好和消费行为，进而有针对性地制订个性化的营销策略和提供定制化的产品和服务。

本章的主要内容包括RFM分析的原理与Python实现，以及如何使用RFM模型来指导实际业务。

17.1 RFM分析基础

对单一指标进行切割或者将两个指标组合起来考虑的矩阵法，其实就是对用户进行分层，然后对每个层级进行独立分析，从而更好地探索数据中的规律和细节。

➤ 当需要同时考虑2个以上指标时，还有没有其他类似矩阵法的方法呢？

对此，RFM（recency，frequency，monetary）分析便是一种能将3个自带标准的指标结合起来考虑的分析方法。它最早由美国的一位市场研究专家Paul Zipkin于1966年提出。

RFM模型的核心思想是通过交易环节中最核心的3个指标，即客户最近一次消费的时间（R：recency）、消费频率（F：frequency）和消费金额（M：monetary），将客户细分成不同的群体，并根据他们的购买行为进行评估。通过评估，可以确定客户的活跃度、忠诚度和贡献度等指标。

RFM模型好用就好用在，在不同的领域中，这3个核心指标可以因产品特性而改变。比如对于互联网产品，R、F、M可以相应地变为图17-1中的三项：最近一次登录、登录频率、在线时长。

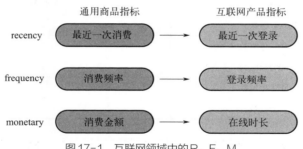

图17-1 互联网领域中的R、F、M

17.1.1 R、F、M的打分方式

计算R、F、M时，有以下几种打分方式。

（1）根据行业规则划分

这种划分方式一般适合划分标准统一且明确的行业，比如航空公司和酒店行业（表17-1）。

（2）依据百分位规则划分

依据百分位规则划分的方式会将数据转换成1 ～ 5分的计分，分值越高代表价值越高，一般可以按20%/40%/60%/80%分位数将数据计为1～5分。计分方式如表17-2所示。

表17-1　标准统一且明确的行业示例

行业	R	F	M
酒店行业	最近一次入住	每年入住超过10次（高频客户）	每次预订金额超过1000元（高价值客户）
		每年入住5～10次（中频客户）	每次预订金额500～1000元（中等价值客户）
		每年入住少于5次（低频客户）	每次预订金额少于500元（低价值客户）
航空公司	最近一次乘机	累计飞行里程10000公里以上（常旅客）	经常乘坐经济舱（低价值客户）
		累计飞行里程50000公里以上（高级常旅客）	经常乘坐商务舱或头等舱（中等价值客户）
		累计飞行里程100000公里以上（超级常旅客）	经常乘坐商务舱或头等舱（高价值客户）

表17-2　按百分位数的计分方式表

标准	R分值	F分值	M分值
<20%分位数	5	1	1
20%（含）～40%分位数（不含）	4	2	2
40%（含）～60%分位数（不含）	3	3	3
60%（含）～80%分位数（不含）	2	4	4
>80%分位数	1	5	5

R指最近一次的消费时间，一般来说间隔越短越好，所以"<20%分位数"的分值为5分；F是消费频次，越高越好，所以">80%分位数"的分值为5；M指消费金额，越高越好，所以">80%分位数"的分值为5。

得出三个指标的打分后，还需要把分值进行转换，这样才能进一步对用户进行划分。表17-3是其中一种计分方式，将1～5分的分值按对应的平均值进行划分，划分成0和1，数字0代表该指标下的低价值群体，数字1则代表高价值群体。

表17-3　计分转换表

标准	R价值类别	F价值类别	M价值类别
<平均值	0（低价值）	0（低价值）	0（低价值）
≥平均值	1（高价值）	1（高价值）	1（高价值）

17.1.2 RFM模型的使用

把用户按照R（最近一次消费）、F（消费频率）、M（消费金额）三个指标各自分层后，可以将其组合起来考虑，把用户划分为8类，具体如表17-4所示。

表17-4 用户分类表

R价值类别	F价值类别	M价值类别	用户分类	分类含义
1	1	1	重要价值客户	最近购买，高频，高消费
1	1	0	重要潜力客户	最近购买，高频，低消费
1	0	1	重要深耕客户	最近购买，低频，高消费
1	0	0	新客户	最近购买，低频，低消费
0	1	1	重要唤回客户	最近未购，高频，高消费
0	1	0	一般客户	最近未购，高频，低消费
0	0	1	重要挽回客户	最近未购，低频，高消费
0	0	0	流失客户	最近未购，低频，低消费

根据分类表，企业可以对不同的用户群进行针对性管理。

① 重要价值客户：他们是维系企业健康发展的原动力，可以给他们提供专属优惠和个性化服务。

② 重要潜力客户：他们有潜力成为重要价值客户，可以给他们增加定期优惠福利和提供积分奖励等。

③ 重要挽回客户：他们的消费金额高，但最近一次消费时间较远且消费频率不高。可以提供关怀回访和一些个性化推荐，以重新激起他们的消费兴趣。

......

17.2 Python实现RFM模型

本章数据集来自某个网购平台下美妆个护品类的消费记录（时间跨度：2015年1月1日～2018年1月4日）。消费记录节选如图17-2所示，数据集信息如图17-3所示。

图17-2 美妆个护品类消费记录.csv节选

```
<class 'pandas.core.frame.DataFrame'>
RangeIndex: 876046 entries, 0 to 876045
Data columns (total 14 columns):
 #   Column          Non-Null Count    Dtype
---  ------          --------------    -----
 0   会员卡号          876046 non-null   object
 1   消费产生的时间      876046 non-null   object
 2   商品编码          876046 non-null   object
 3   销售数量          876046 non-null   int64
 4   商品售价          876046 non-null   float64
 5   消费金额          876046 non-null   float64
 6   商品名称          876046 non-null   object
 7   此次消费的会员积分    876046 non-null   float64
 8   单据号           876046 non-null   object
 9   出生日期          474446 non-null   float64
 10  性别            474446 non-null   float64
 11  登记时间          474446 non-null   object
 12  年龄            474446 non-null   float64
 13  是否为会员        876046 non-null   int64
dtypes: float64(6), int64(2), object(6)
memory usage: 93.6+ MB
```

图17-3　数据集信息

数据集一共有87万多条，各列的含义如下：

- 会员卡号：用户注册会员后，平台自动为其分配的唯一标识符。
- 消费产生的时间：用户某笔消费产生的时间，精确到秒。
- 商品编码与商品名称：每一个商品名称都对应着唯一标识编码。
- 销售数量、商品售价、消费金额：消费金额(元)=商品售价 × 销售数量。
- 此次消费的会员积分：一般情况下（除打折或不参与积分的商品），消费金额数=积分数，即1元相当于1积分。
- 单据号：此次消费的电子单据号，唯一标识。
- 出生日期、性别、年龄：用户的个人信息。
- 登记时间、是否为会员：用户成为会员的时间。登记后才能成为会员，如果不是会员，则用户的个人信息和登记时间都为NaN。

下面对理解数据集时可能出现的疑问做出解释，这对了解业务背景很有帮助。

➤ 为什么有些记录会出现"有会员卡号但却不是会员"的现象（比如图17-3中的前2条数据）？

原因可能有：

① 会员资格过期：用户曾经是会员，但会员资格已经过期。过期后用户需要重新申请或续费会员资格才能享受会员权益。

② 会员资格未激活：用户可能刚刚获得会员卡号，但还没有激活会员资格。

当然还可能存在会员卡号泄露、冒用或登记错误的情况，这些较为特殊，不在本案例的考虑范围内。

> ➤　时间跨度从2015～2018年，追踪的是同一批用户的消费行为吗？

是的，但当有新用户产生消费后，同样会被记录下来。所以，同一位用户可能会有多条"消费产生时间"的记录。同一用户在同一时间多次产生消费时（比如在某一个时间节点下单了多件产品），消费次数只算一次，会产生一个专属的单据号，即消费次数通过唯一单据号的数量来体现。

数据解读完毕后，下面将使用Python构建模型所需的三个指标：R（最近一次消费距今多少天），F（消费了多少次）以及M（平均或者累计购买金额）。

17.2.1　计算R值

计算R（最后一次消费时间距今多少天）时，如果用户只消费过一次，用现在或指定的日期减去消费日期即可；如果用户多次消费，则需要先筛选出这个用户最后一次消费的时间，再用今天/指定的日期减去它。

```
r = df.groupby('会员卡号')['消费产生的时间'].max().reset_index(name=
'最近一次消费的时间')
r
```

每位用户最近一次消费的时间结果如图17-4所示。

	◆ 会员卡号 ◆	最近一次消费的时间 ◆
0	000186fa	2017-09-24 12:47:35.986
1	000234ad	2017-11-01 16:43:04.126
2	0002adb8	2016-06-30 18:17:23.376
3	000339f1	2017-12-16 16:02:36.610
4	0003a4e7	2015-02-12 20:23:07.626
...	...	...
89327	fffbcb4f	2015-04-18 15:03:20.203
89328	fffbd0ce	2016-12-05 14:19:46.236
89329	fffbfb51	2015-05-07 21:30:27.783
89330	fffc9664	2015-05-08 20:15:47.830
89331	fffffe90	2016-05-29 15:08:07.986

89332 rows × 2 columns

图17-4　用户最近一次消费的时间

由图17-4可以看出，87万条的消费数据均由这89000多位用户产生。为了得到最终的R值，用生成数据的"2018-1-4"减去每位用户最近一次消费的时间。

```
r['R'] = (pd.to_datetime('2018-1-4') - pd.to_datetime(r['最近一次消费
的时间']) ).dt.days
r.head()
```

　　pandas中有专门用来处理时间类型的数据，具体可参考官方文档。R值的部分计算结果如表17-5所示。

表17-5　R值计算结果

会员卡号	最近一次消费的时间	R	会员卡号	最近一次消费的时间	R
000186fa	2017-09-24 12:47:35.986	101	000339f1	2017-12-16 16:02:36.610	18
000234ad	2017-11-01 16:43:04.126	63	0003a4e7	2015-02-12 20:23:07.626	1056
0002adb8	2016-06-30 18:17:23.376	552			

17.2.2　计算F值

　　基于前述的"把单个用户在同一时间下的多次消费行为看作整体一次"的统计思路，我们只需要按照"会员卡号"和"单据号"来进行分组，把每个用户下的唯一单据号数量统计出来即可。

```
f = df.groupby(['会员卡号', '单据号']).size().reset_index().groupby
('会员卡号').size().reset_index(name='消费次数')
f['F'] = f['消费次数']
f.head()
```

　　F计算结果如表17-6所示。

表17-6　F值计算结果

会员卡号	消费次数	F	会员卡号	消费次数	F
000186fa	4	4	000339f1	8	8
000234ad	7	7	0003a4e7	2	2
0002adb8	2	2			

17.2.3　计算M值

　　M值表示用户消费的总金额或平均金额，本案例使用平均金额表示。计算F值时得出了每个用户的消费频次，所以接下来只需要求出每个用户的消费总金额，再用总金额除以消费频次即可得到M。

```
sum_m = df.groupby('会员卡号')['消费金额'].sum().reset_index(name='消
费总金额')
```

```
data = pd.merge(left=f, right=sum_m, on='会员卡号')
data['M'] = round(data['消费总金额']/data['F'])
data.head()
```

结果如表17-7所示。

分别计算每位用户的R、F、M后，将三个表格合并。

表17-7 M值计算结果

会员卡号	消费次数	F	消费总金额	M
000186fa	4	4	11880.7	2970.0
000234ad	7	7	12850.0	1836.0
0002adb8	2	2	7136.0	3568.0
000339f1	8	8	6340.8	793.0
0003a4e7	2	2	1219.0	610.0

```
rfm = pd.merge(r, data, on='会员卡号')
rfm = rfm[['会员卡号', 'R', 'F', 'M']]
rfm.head()
```

合并结果如表17-8所示。接下来我们将使用pandas的分箱操作给这三个指标打分。

表17-8 RFM计算结果

会员卡号	R	F	M	会员卡号	R	F	M
000186fa	101	4	2970.0	000339f1	18	8	793.0
000234ad	63	7	1836.0	0003a4e7	1056	2	610.0
0002adb8	552	2	3568.0				

17.2.4 维度打分

17.1.1小节提到了RFM模型的打分方式，因为这里并没有非常明确的标准，所以我们采用百分位数来打分。

先使用quantile函数查看数据的分布情况，结果如表17-9所示。

表17-9 RFM百分位数分布情况

	R	F	M		R	F	M
0.2	77.0	1.0	698.2	0.6	433.0	3.0	2144.0
0.4	233.0	2.0	1305.0	0.8	890.0	6.0	3730.0

```
quantiles = [0.2, 0.4, 0.6, 0.8]
rfm.quantile(quantiles)
```

接着，使用pandas的分箱操作打分。注意，R的分值与百分位数的顺序相反，"<20%分位数"是5分。

```
rfm['R_score'] = pd.cut(rfm['R'], bins=[0, 77, 233, 433, 890,
1000000], labels=[5,4,3,2,1]).astype(float)
rfm['F_score'] = pd.cut(rfm['F'], bins=[0, 1, 2, 3, 6, 1000000],
labels=[1,2,3,4,5]).astype(float)
rfm['M_score'] = pd.cut(rfm['M'], bins=[0, 698.2, 1305, 2144, 3730,
1000000], labels=[1,2,3,4,5]).astype(float)
rfm.head()
```

RFM的打分结果如表17-10所示。

表17-10　RFM打分结果

会员卡号	R	F	M	R_score	F_score	M_score
000186fa	101	4	2970.0	4.0	4.0	4.0
000234ad	63	7	1836.0	5.0	5.0	3.0
0002adb8	552	2	3568.0	2.0	2.0	4.0
000339f1	18	8	793.0	5.0	5.0	2.0
0003a4e7	1056	2	610.0	1.0	2.0	1.0

17.2.5　客户分层

打分结束后，将1～5分的分值按对应的平均值进行划分，划分成0和1，数字0代表该指标下的低价值群体，数字1则代表高价值群体。

```
rfm['R是否大于均值'] = (rfm['R_score'] > rfm['R_score'].mean()) * 1
rfm['F是否大于均值'] = (rfm['F_score'] > rfm['F_score'].mean()) * 1
rfm['M是否大于均值'] = (rfm['M_score'] > rfm['M_score'].mean()) * 1
rfm.head()
```

每行代码末尾的"*1"是为了将布尔值True(1)和False(0)转换成更方便解读的数字1和0，结果如图17-5所示。

	会员卡号	R	F	M	R_score	M_score	F_score	R是否大于均值	F是否大于均值	M是否大于均值
0	000186fa	101	4	2970.0	4.0	4.0	4.0	1	1	1
1	000234ad	63	7	1836.0	5.0	3.0	5.0	1	1	0
2	0002adb8	552	2	3568.0	2.0	4.0	2.0	0	0	1
3	000339f1	18	8	793.0	5.0	2.0	5.0	1	1	0
4	0003a4e7	1056	2	610.0	1.0	1.0	2.0	0	0	0

图17-5　RFM分值转换结果

为了得到最终的客户分类标签，这里引入一个能综合"R/F/M是否大于均值"这3列的辅助列"总分"。

```
rfm['总分'] = ( rfm['R是否大于均值']*100 + rfm['F是否大于均值']*10 +
        rfm['M是否大于均值']*1 )
```

这个操作能够巧妙地把八大类用户以数字的形式表现出来，如表17-11所示。

表17-11　用户分类对应的总分

R价值类别	F价值类别	M价值类别	用户分类	总分
1	1	1	重要价值客户	111
1	1	0	重要潜力客户	110
1	0	1	重要深耕客户	101
1	0	0	新客户	100
0	1	1	重要唤回客户	11
0	1	0	一般客户	10
0	0	1	重要挽回客户	1
0	0	0	流失客户	0

最后，使用map函数将总分与对应的用户分类标签一一对应。

```
client_labels = {111:'重要价值客户', 110:'重要潜力客户', 101:'重要深
        耕客户', 100: '新客户', 11:'重要唤回客户', 10:'一般客
        户', 1:'重要挽回客户', 0:'流失客户'}
rfm['客户类型'] = rfm['总分'].map(client_labels)
rfm.head()
```

最终分类结果如图17-6所示，每一位客户都有了自己的RFM标签。

	会员卡号	R	F	M	R_score	M_score	F_score	R是否大于均值	F是否大于均值	M是否大于均值	总分	客户类型
0	000186fa	101	4	2970.0	4.0	4.0	4.0	1	1	1	111	重要价值客户
1	000234ad	63	7	1836.0	5.0	3.0	5.0	1	1	0	110	重要潜力客户
2	0002adb8	552	2	3568.0	2.0	4.0	2.0	0	0	1	1	重要挽回客户
3	000339f1	18	8	793.0	5.0	2.0	5.0	1	1	0	110	重要潜力客户
4	0003a4e7	1056	2	610.0	1.0	1.0	2.0	0	0	0	0	流失客户

图17-6　添加RFM标签后的分类结果

17.3　RFM模型指导实际业务

一般来说，RFM分出的每类客户，都有着对应且通用的营销策略。比如，

对R值、F值都比较低的客户进行唤醒和挽留；激励和发展那些R值、F值高但M值低的用户。其实在笔者看来，营销策略可以被概括为"发展"和"挽留"两大类（表17-12），只不过在面对不同类客户时，"发展"或者"挽留"的程度和手段不同而已。

例如，对重要价值客户和一般客户的发展策略：前者的忠诚度高，只要在保持一定关注度的同时提供一些专属优惠即可，而后者就需要多增加关注并融入一些积分奖励的手段来刺激消费。

表17-12　不同用户分类的营销策略

用户分类	分类含义	营销策略
重要价值客户	最近购买，高频，高消费	发展
重要潜力客户	最近购买，高频，低消费	
重要深耕客户	最近购买，低频，高消费	
一般客户	最近未购，高频，低消费	
新客户	最近购买，低频，低消费	
重要唤回客户	最近未购，高频，高消费	挽留
重要挽回客户	最近未购，低频，高消费	
流失客户	最近未购，低频，低消费	

需要注意的是，如果只是简单地将策略应用在某一类下的所有客户身上，难免会出现一些潜在问题。下面展示一些更加贴合业务实际的用法。

17.3.1　F、M矩阵分析

指标R反映客户最近一次购买的时间，它能够衡量客户的活跃度。在某些行业中，比如快消品或日用品，客户的消费频率一般较高，因此虽然R很高，但并不是首要关注的指标。而在其他一些客户购买频率较低的分类中，比如高端奢侈品或大型家电，R指标虽然低但也会成为评估客户活跃度和忠诚度的重要依据。

本章案例属于美妆个护领域，主要是快消品和日用品，所以更贴合实际的做法是优先考虑F和M，最后再看R。下面将使用矩阵法来综合考虑F和M，以实现对不同客户群体的深入分析。

先用rfm里面的"F_score"和"M_score"来做一个列联表分析。

```
pd.crosstab(index=rfm['M_score'], columns=rfm['F_score'],
        normalize='columns').applymap(lambda x: str(round(x*100))+'%')
            # 每一列总比例记为 1，normalize='columns'
```

结果如表 17-13 所示。

得出客户 M 值、F 值的分布情况，对企业营销策略的选择非常有帮助：

① M（平均消费金额）：M 的高低对应不同的优惠力度和手段。

② F（消费频次）：F 的高低对应不同的唤醒或挽回的手段。

表 17-13　M、F 矩阵分析表

F_score M_score	1.0	2.0	3.0	4.0	5.0
1.0	31%	21%	16%	10%	4%
2.0	19%	23%	23%	22%	16%
3.0	17%	20%	22%	24%	23%
4.0	15%	19%	21%	23%	29%
5.0	18%	17%	18%	20%	29%

下面将逐一解析列联表 17-13 中值得关注的客户群：实线方框内数字中可能存在对价格敏感的客户（F、M 都低）和喜欢囤货的客户（F 低、M 高）；虚线方框内数字中可能存在忠诚度高但对价格敏感的客户（F 高 M 低，多在有优惠时出现）。

17.3.2　识别对价格敏感的用户

对价格敏感的用户通常会在活动促销（比如节日满减）和产品特价（捆绑销售、新品特价和清仓处理）时才购买，所以 F 值和 M 值都会比较低。

对价格敏感的用户群中，有一类关注新客优惠的群体，他们在数据集中的特点为：F 值等于 1，且在消费时使用优惠，即商品售价大于消费金额。

下面利用 pandas 找出这类群体：

```
# F=1 的会员卡号列表
f_1_index = rfm.query('F == 1')['会员卡号'].values


# F=1 的用户群
f1_group = df[ df['会员卡号'].isin(f_1_index) ]
# F=1 且 商品售价大于消费金额的用户群，即关注新客优惠的人群
f1_extreme = f1_group.query('商品售价 > 消费金额')
print(f'F=1 的用户数为：{f1_group["会员卡号"].nunique()}')
print(f'F=1 且关注新客优惠的用户数为：{f1_extreme["会员卡号"].nunique()}')
f1_extreme.sample(10)
```

结果如图17-7所示。

F=1 的用户数为：35363
F=1 且关注新客优惠的用户数为：5510

会员卡号	消费产生的时间	商品编码	销售数量	商品售价	消费金额	商品名称	此次消费的会员积分	单据号	出生日期	性别	登记时间	年龄	是否为会员
269438	21ecd1c9	2016-04-03 21:19:45.313	19ba40c3	1	820.0	740.0		740.0	f5c0	1982.0	0.0	2016-04-03 21:17:00.330	39.0	1
868303	f8d42fea	2017-12-31 17:04:11.906	f3270369	1	2792.0	2352.0		2352.0	ae2b	NaN	NaN	NaN	NaN	1
830855	58ce5e2a	2017-11-25 16:02:26.936	dba4a1d4	1	780.0	702.00		701.0	c0f8	1962.0	0.0	2010-08-25 00:00:00.000	59.0	1
141836	c3e32cdc	2015-05-09 21:11:01.500	20c5c795	1	710.0	10.00		0.0	021e	1980.0	0.0	2010-06-15 00:00:00.000	41.0	1
865775	82f99ba5	2017-12-30 21:13:31.283	8a93c57a	1	1345.0	1235.38		1235.0	c027	1976.0	0.0	2009-12-11 00:00:00.000	43.0	1
874185	7e835379	2017-06-29 15:33:18.063	4d096b82	1	980.0	960.40		0.0	028f	NaN	NaN	NaN	NaN	0
94872	639e208b	2015-03-22 20:23:32.063	cc4e4712	1	520.0	509.60		0.0	cb9d	1970.0	0.0	2013-11-08 00:00:00.000	51.0	1
492697	58a61dfd	2016-12-24 16:26:59.453	3be208fe	1	619.0	574.21		574.0	7f8b	1965.0	0.0	2015-08-05 00:00:00.000	56.0	1
720383	b1c726e2	2017-08-25 15:14:23.250	78ac50d1	1	680.0	612.00		0.0	a2a6	1981.0	1.0	2013-12-23 00:00:00.000	40.0	1
879100	bd720197	2017-07-04 15:26:25.173	8e17ed50	1	340.0	333.20		0.0	6cb9	1985.0	0.0	2005-09-03 16:37:02.886	36.0	1

图17-7　关注新客优惠的用户（节选）

如图17-7中会员卡号为c3e32cdc的用户，仅用10元就将原价710元的商品买到手了。对待这类人群，平台既要防止他们滥用优惠规则，又要保持对真实用户的吸引力。如可根据用户的购买历史和行为习惯，针对性地提供优惠；也可验证用户身份，例如要求提供手机号码、邮箱地址或其他相关信息，以验证新用户的真实性，防止恶意利用平台规则漏洞获利的行为。

17.3.3　识别囤货用户

喜欢囤货的用户特点一般是F值低M值高，且通常倾向于在促销活动期间、节假日前、新品上市期间以及季节转换等几个时间节点开始囤货。筛选出囤货用户后可以有针对性地进一步研究，以实现精准营销。

下面将筛选出F值为1、2且M值为4、5的囤货用户。

```
stockholder_index=rfm[(rfm['F_score'].isin([1,2]))&(rfm['M_score'].
isin([4, 5]))]['会员卡号'].values
stockholder = df[ df['会员卡号'].isin(stockholder_index) ]

# 按会员卡号进行分组，并将每个组的消费记录放在一起输出
stockholder.groupby('会员卡号').apply(lambda x: x).reset_
index(drop=True, inplace=True)

print(f"喜好囤货的用户数：{len(np.unique(stockholder['会员卡号'].
values))}")
stockholder.drop(columns=['商品编码', '此次消费的会员积分',
            '出生日期', '性别', '登记时间', '年龄',]).head(10)
```

筛选结果如图17-8所示。

面对这些用户，我们可以考虑有针对性的促销活动和限时优惠、老客户回馈计划、产品推荐和新品预告/试用等。

喜好囤货的用户数：17453

	会员卡号	消费产生的时间	销售数量	商品售价	消费金额	商品名称	单据号	是否为会员
18	29746369	2015-01-01 00:08:58.986	1	3160.0	3160.0		47fb	0
19	29746369	2015-01-01 00:08:58.986	1	4410.0	4410.0		47fb	0
27	29746369	2015-01-01 00:29:48.593	1	3300.0	3300.0		fc11	0
28	29746369	2015-01-01 00:29:48.593	1	2575.0	2575.0		fc11	0
29	29746369	2015-01-01 00:29:48.593	1	2720.0	2720.0		fc11	0
32	9065a184	2015-01-01 10:43:13.890	1	1480.0	1480.0		25bb	1
33	9065a184	2015-01-01 10:43:13.890	1	880.0	880.0		25bb	1
59	ba0cc39e	2015-01-01 11:12:51.890	1	895.0	895.0		6950	1
60	ba0cc39e	2015-01-01 11:12:51.890	1	1480.0	1480.0		6950	1
128	c588cab9	2015-01-01 11:56:13.533	1	2803.0	2803.0		7cd8	0

图17-8 喜欢囤货的用户消费信息

17.3.4 把R也考虑进来

我们在前面的内容中基于F和M这两个指标筛选出了对价格敏感的和喜欢囤货的客户。下一步便可以将指标R也考虑进来，进行更细化的分析。需要注意的是，不同领域的标准不一样，越高频的业务（比如快消品），它的统计周期就越短。而且基于前述分析，R很低时也不一定就说明用户不会再次消费，有可能他们是不值得挽回的一类用户，又或者是不必过多担心的高忠诚度囤货用户。所以，通常先把F和M分析清楚，再引入R，这样可以更好地了解用户的行为变化并针对性地提供或者改变营销策略。

17.4 RFM小结

RFM模型可以很好地衡量用户对企业的价值，对企业的精准营销很有帮助。但需要注意的是，在现实中，RFM只能描述问题，不能解释问题发生的原因，更无法提供解决方案。

以本案例的美妆个护产品为例，使用Python求出每一个用户的R、F、M，将他们分类后，后续的分析似乎就停滞了。尽管我们知道无非就是"发展"和"挽留"这两种策略，但每种策略要做到什么程度以及具体要采取什么方法，仍是未知的谜题。所以，很多时候RFM只能是一个分析工具而无法作为一种分析方法或思路来使用。

因为R、F、M三个指标本身就带有非常重要的业务含义和标准，所以通常会使用矩阵法将F和M分类清楚，对客户群体的分布有一个基本的了解后，再结合业务背景来进一步分析。

第 **18** 章

用户留存分析

上一章的用户价值分析中说到，营销策略可以被概括为"发展"和"挽留"两大类。很多时候，挽留客户（流失的和不活跃的）比发展客户（吸引新客户、提升客户价值）更重要，比如订阅类服务、金融服务以及电信服务等行业。

这是因为吸引新客户通常需要投入大量的市场推广和营销成本，而保留现有客户则相对更经济。一般来说，通过提供个性化的内容推荐、特殊优惠和增值服务，便可提高现有客户的满意度和忠诚度，从而提高用户价值和留存的概率。本章将介绍同期群分析的原理和 Python 实现。

18.1　同期群分析基础

前面提到的两维度矩阵法和RFM分析法,都是在对用户进行分层后对每个层级进行独立分析。同期群分析本质上也是用户分层,只不过是着眼于时间维度。该方法会按初始行为(比如首次消费,首次点击、注册等)的发生时间将用户划分成不同的群组,进而帮助我们比较同一时间段内不同群体之间的特征和行为。

同期群分析的结果一般以图18-1的形式呈现。

首次消费月份	新增顾客	1月后	2月后	3月后	4月后	5月后
2023年9月	120	56%	40%	35%	32%	31%
2023年10月	356	15%	13%	13%	14%	
2023年11月	185	53%	42%	45%		
2023年12月	220	48%	45%			
2024年1月	478	60%				

图 18-1　同期群分析结果图

18.1.1　从同期群分析表看餐厅经营状况

本例数据来源于笔者朋友开的一家餐厅,餐厅在广东沿海城市,主营烧烤与火锅。图18-1是根据餐厅后台的顾客消费数据做出的分析表格。针对此表,笔者得出以下初步结论:

① 横向看:为某月新增顾客的留存情况。2023年9、11、12月新增的顾客,1个月后再次消费的概率在50%左右,随后依次递减。

② 纵向看:可以对比不同月份的新增和留存情况。2023年10月和2024年1月的新增消费用户数增幅巨大,但2023年10月新增顾客的留存率明显偏低,只有15%。

与朋友交谈后得知,2023年10月,朋友趁着中秋国庆长假,做了一次线上团购促销(图18-2),所以当月新增顾客暴涨(多是线上促销吸引而来),但从长远来看,这个操作收效较低。

对广东来说,一般要到年底才会正式入冬,所以笔者朋友在2023年12月和2024年1月这两个月将店铺的主营业务往火锅上偏移。所以,2023年12月的新增顾客较上个月有小幅的增长,2024年1月,小店的客流量迎来高峰,且留存表现优异。

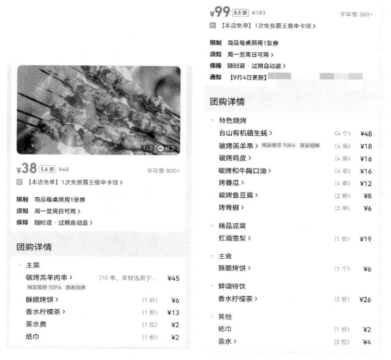

图18-2 促销套餐券折扣展示（部分）

18.1.2 从另一个视角看餐厅经营状况

上例中，我们按初始行为的发生时间将用户划分成不同的群组。如果把客单价（即每位顾客在一次购买中平均消费的金额）当作"初始行为"，便会得到另一个分析视角，如图18-3所示。

首次消费月份	新增顾客	当月客单价	1月后	2月后	3月后	4月后	5月后
2023年9月	120	85	85	86	87	90	88
2023年10月	356	70	65	65	67	64	
2023年11月	185	83	83	82	84		
2023年12月	220	90	89	90			
2024年1月	478	95	97				

图18-3 同期群客单价

国庆促销活动时（2023年10月），当月新增顾客的客单价是70元左右，比不做促销活动的月份都要低。这说明了当月大多数顾客是冲着这个优惠来的，少有额外消费，且留存下来的顾客在后续月消费表现也偏低。

18.2　Python实现同期群分析

本节将展示如何组合使用pandas和numpy来实现同期群分析。示例数据集是一个流媒体订阅用户的每月付费记录，订阅用户每个月都会花费一定的金钱来购买影片。df节选如表18-1所示。

数据信息如图18-4所示，该数据记录了2023年6月至2024年11月所有用户的消费时间和金额。

表18-1　订阅用户每月付费记录

	脱敏客户ID	付款时间	支付金额
5986	cumid5509	2023-07-17 23:53:17	4.89
25122	cumid20327	2023-10-07 10:12:57	101.95
3495	cumid3266	2023-07-10 10:08:42	147.73
34299	cumid26797	2023-11-14 16:07:55	140.58
17931	cumid15130	2023-09-11 11:57:12	17.96

```
<class 'pandas.core.frame.DataFrame'>
RangeIndex: 40181 entries, 0 to 40180
Data columns (total 3 columns):
 #   Column   Non-Null Count  Dtype
---  ------   --------------  -----
 0   脱敏客户ID   40181 non-null  object
 1   付款时间     40181 non-null  object
 2   支付金额     40181 non-null  float64
dtypes: float64(1), object(2)
memory usage: 941.9+ KB
```

图18-4　订阅用户付费数据集基本信息

18.2.1　神奇的 intersect1d 和 setdiff1d

正式开始前，我们先来学习下numpy库中的函数 intersect1d 和 setdiff1d。这两个函数的功能将在后面筛选用户的过程中发挥极大的作用。

（1）intersect1d

构建同期群表时，其中一个需求是：筛选出这个月消费后，后续月仍然消费的用户（即当月的留存用户）。np.intersect1d(ar1, ar2)函数的作用是计算两个数组的交集，并返回一个有序的、唯一的交集数组。ar1 和 ar2 分别表示需要传入的第一、二个数组。注意："返回唯一的交集数组"这一点特别有用。因为同一用户的每一笔消费都会被记录，这样便有可能产生重复的用户ID，该功能相当于在筛选留存用户时进行唯一化处理。用法展示如下（输出见图18-5）：

```
import numpy as np

# 示例数据，两个月的用户ID：当月和下月
current_month = np.array([1, 2, 2, 3, 4, 5, 7])
next_month = np.array([2, 3, 4, 5, 6, 6, 6])
print(f'该月用户消费记录：{current_month}')
print(f'下月用户消费记录：{next_month}')
```

```
# 获取在这个月消费后下个月仍然消费的用户ID
# np.intersect1d()函数可以计算交集的长度，而且会自动去重
common_users = np.intersect1d(current_month, next_month)

# 输出结果：在这个月消费后下个月仍然消费的用户数量
print(f'有 {len(common_users)} 个用户在该月消费后下个月依然消费。id分别
为：{common_users}')
```

该月用户消费记录：[1 2 2 3 4 5 7]
下月用户消费记录：[2 3 4 5 6 6 6]
有 4 个用户在该月消费后下个月依然消费。id分别为：[2 3 4 5]

图18-5　intersect1d函数运行结果

（2）setdiff1d

np.setdiff1d(ar1, ar2)函数的作用是计算两个数组之间的差集，并返回一个有序的、唯一的差集数组。这对应同期群分析中的计算每月新增用户的需求。用法展示如下（输出见图18-6）：

```
print(f'该月用户消费记录：{current_month}')
print(f'下月用户消费记录：{next_month}')
# 获取第二个月新增的用户ID
new_users = np.setdiff1d(next_month, current_month)
# 输出结果：第二个月新增的用户数量
print(f'下个月中，有 {len(new_users)} 个新增用户，id分别为：{new_
users}')
```

该月用户消费记录：[1 2 2 3 4 5 7]
下月用户消费记录：[2 3 4 5 6 6 6]
下个月中，有 1 个新增用户，id分别为：[6]

图18-6　setdiff1d函数运行结果

此处只展示两个列表之间的对比，也就是当月和下个月之间的比较。真实情况下，可能需要将当月和之后的所有月份进行逐一对比。

18.2.2　单月新增和留存情况

本小节将实现统计单月新增和留存的逻辑，也就是小循环，之后再使用大循环把这套逻辑套用在其他月份上即可。

首先，需要对数据中的时间进行处理，因为我们只关心月份，所以需要将付款时间的日、分、秒去掉，只留下年、月。

```python
import pandas as pd
df = pd.read_csv('customers_data.csv')
df['付款时间'] = pd.to_datetime(df['付款时间'])
df['付款年月'] = df['付款时间'].dt.strftime('%Y-%m')
df.sample(5)
```

处理结果如表18-2所示。

表18-2   处理时间后的数据集

	脱敏客户ID	付款时间	支付金额	付款年月
24072	cumid19638	2023-10-05 19:32:13	17.15	2023-10
31886	cumid25058	2023-11-05 01:20:51	301.71	2023-11
13816	cumid11914	2023-08-12 19:32:56	24.66	2023-08
37742	cumid9495	2023-11-23 19:11:15	27.5	2023-11
18676	cumid13535	2023-09-12 04:04:32	34.67	2023-09

然后，以2023年9月的数据为例，实现单月的同期群分析。下面展示的是小循环中的详细步骤，即只考虑9月及之后的一个月。

```python
# 2023年9月用户新增情况
Sep_new = df.query('付款年月 == "2023-09"')
print(f'2023-09 消费记录数:{len(Sep_new)}，新增用户数（唯一ID）:{Sep_new["脱敏客户ID"].nunique()}')

# 9 月新增的用户中，有多少留存到了 10 月
# 与历史数据做匹配，即客户昵称在 2023年10 月且也在2023年 9 月的
month = '2023-10'
month_customer = df[df['付款年月'] == month]
common_users = np.intersect1d(Sep_new["脱敏客户ID"], month_customer["脱敏客户ID"])
print(f'{month} 的用户中，有 {len(common_users)} 个是上个月留存下来的')
```

结果如图18-7所示。

```
2023-09 消费记录数：6739，新增用户数（唯一ID）：6011
2023-10 的用户中，有 821 个是上个月留存下来的
```

图18-7   单月用户新增情况

接下来的小循环中，继续用intersect1d函数将2023年9月的数据与之后的每一个月都进行对比：

```python
# 循环构造
```

```
print('2023-09 的客户在后续月份中的留存情况...')
stay = []
for i in ['2023-10', '2023-11']:
    next_month = df[df['付款年月'] == i]
    # 2023-09 的客户还出现在时间 i 的 DataFrame 中
    common_users = np.intersect1d(Nov_new["脱敏客户ID"], next_month["
脱敏客户ID"])
    stay.append( [i+'留存人数：', len(common_users)] )
stay
```

得到单月的留存情况如图18-8所示。

2023-09 的客户在后续月份中的留存情况...

[[' 2023-10留存人数：', 821], [' 2023-11留存人数：', 636]]

图18-8　单月留存情况

18.2.3　循环构建每个月的新增和留存

大循环的外壳是计算每个月的新增情况，代码如下：

```
month_list = df['付款年月'].unique()
for i in range(0, len(month_list)-1):
    # len()-1 的原因：最后一个月之后就没有数据了
    # 筛选出 month_list 中的每月消费，并统计客户数量
    print(f'下面统计：{month_list[i]} 的新增情况...')
    current_data = df[ df['付款年月']==month_list[i] ]
    current_clients = current_data['脱敏客户ID'].unique()


    # =====================统计新增情况=========================
    # 跳过数据集中的第一个月，因为没有历史数据来验证该客户是否为新增客户
    if i == 0:
        print(f'{month_list[i]} 是第一个月，无需验证客户是否为新增
客户。')
        new_clients_num = len(current_clients)
        print(f'该月的新增用户数为：{new_clients_num}')
    else:
        # 筛选该月( current_month ) 之前的所有历史消费记录，核心代码
        history_month = month_list[:i]
        print(f'{month_list[i]} 的历史年月为：{history_month}')
        history_data = df[ df['付款年月'].isin(history_month) ]
        # 筛选未在历史消费记录中出现过的新增客户，核心代码
```

```
    new_users = np.setdiff1d(current_data['脱敏客户ID'], history_
data['脱敏客户ID'])
    print(f'相较于历史年月，该月的新增客户数为：{len(new_users)}')
  print('\n')
```

它筛选该月之前的历史数据，以供setdiff1d求差集，结果如图18-9所示。

下面统计：2023-06 的新增情况...
2023-06 是第一个月，无需验证客户是否为新增客户。
该月的新增用户数为：2031

下面统计：2023-07 的新增情况...
2023-07 的历史年月为：['2023-06']
相较于历史年月，该月的新增客户数为：7043

下面统计：2023-08 的新增情况...
2023-08 的历史年月为：['2023-06' '2023-07']
相较于历史年月，该月的新增客户数为：4732

下面统计：2023-09 的新增情况...
2023-09 的历史年月为：['2023-06' '2023-07' '2023-08']
相较于历史年月，该月的新增客户数为：4979

下面统计：2023-10 的新增情况...
2023-10 的历史年月为：['2023-06' '2023-07' '2023-08' '2023-09']
相较于历史年月，该月的新增客户数为：5110

图 18-9   每月的新增用户

代码中插入了一些看似无用的提示性语句，这是希望读者在编写复杂程序时能够保持良好的代码书写习惯。比如循环中需要实现较为复杂的功能时，加入类似"print(f'下面统计：{month_list[i]} 的新增情况...')"和"print(f'{month_list[i]}的历史年月为：{history_month}')"的提示信息，可以帮助自己在调试中知道程序每一步的进展以及更好地定位错误源头和原因。

接着，将计算单月情况的小循环插入。插入后的程序如下：

```
for i in range(0, len(month_list)-1):
    # len()-1 的原因：最后一个月之后就没有数据了
    # 筛选出 month_list 中的每月消费，并统计客户数量
    print(f'下面统计：{month_list[i]} 的新增情况...')
    current_data = df[ df['付款年月']==month_list[i] ]
    current_clients = current_data['脱敏客户ID'].unique()
```

```
# ====================统计新增情况 =========================
# 跳过数据集中的第一个月，因为没有历史数据来验证该客户是否为新增客户
if i == 0:
    print(f'{month_list[i]} 是第一个月，无需验证客户是否为新增
客户。')
    new_clients_num = len(current_clients)
    print(f'该月的新增用户数为：{new_clients_num}')
else:
    # 筛选该月（current_month）之前的所有历史消费记录
    history_month = month_list[:i]
    print(f'{month_list[i]} 的历史年月为：{history_month}')
    history_data = df[ df['付款年月'].isin(history_month) ]
    # 筛选未在历史消费记录中出现过的新增客户
    new_users = np.setdiff1d(current_data['脱敏客户ID'],
history_data['脱敏客户ID'])
    print(f'相较于历史年月，该月的新增客户数为：{len(new_users)}')


    #====================统计留存情况 =========================
    print('-'*50)
    print('下面统计该月之后的每个月的留存情况...')
    for j in range(i+1, len(month_list)):    # 小循环
        next_month_data = df[ df['付款年月']==month_list[j] ]
        # 统计既出现在该月，又出现在下个月的用户
        next_month_retain = np.intersect1d(current_data['脱敏客户
ID'], next_month_data['脱敏客户ID'])
        print(f'{month_list[j]} 的留存人数：{len(next_month_retain)}')
    print('\n')
```

小循环"for j in range(i+1, len(month_list))"中range函数里的第一个参数变成了i+1，是为了统计该月之后的情况。统计结果如图18-10所示。

```
下面统计：2023-06 的新增情况...
2023-06 是第一个月，无需验证客户是否为新增客户。
该月的新增用户数为：2031
--------------------------------------------------
下面统计该月之后的每个月的留存情况...
2023-07 的留存人数：252
2023-08 的留存人数：216
2023-09 的留存人数：163
2023-10 的留存人数：156
2023-11 的留存人数：164
```

图18-10

```
下面统计：2023-07 的新增情况...
2023-07 的历史年月为：['2023-06']
相较于历史年月，该月的新增客户数为：7043
------------------------------------------------
下面统计该月之后的每个月的留存情况...
2023-08 的留存人数：623
2023-09 的留存人数：491
2023-10 的留存人数：488
2023-11 的留存人数：491


下面统计：2023-08 的新增情况...
2023-08 的历史年月为：['2023-06' '2023-07']
相较于历史年月，该月的新增客户数为：4732
------------------------------------------------
下面统计该月之后的每个月的留存情况...
2023-09 的留存人数：637
2023-10 的留存人数：562
2023-11 的留存人数：486


下面统计：2023-09 的新增情况...
2023-09 的历史年月为：['2023-06' '2023-07' '2023-08']
相较于历史年月，该月的新增客户数为：4979
------------------------------------------------
下面统计该月之后的每个月的留存情况...
2023-10 的留存人数：821
2023-11 的留存人数：636


下面统计：2023-10 的新增情况...
2023-10 的历史年月为：['2023-06' '2023-07' '2023-08' '2023-09']
相较于历史年月，该月的新增客户数为：5110
------------------------------------------------
下面统计该月之后的每个月的留存情况...
2023-11 的留存人数：909
```

图18-10　每月的留存人数

把结果汇总到DataFrame中，得到18-3（未产生的留存数据用"-"代替）。

表18-3　用户留存情况汇总表

	当月新增	+1月	+2月	+3月	+4月	+5月
2023-06	2031	252	216	163	156	164
2023-07	7043	623	491	488	491	-
2023-08	4732	637	562	486	-	-
2023-09	4979	821	636	-	-	-
2023-10	5110	909	-	-	-	-
2023-11	7101	-	-	-	-	-

为了方便观察趋势，将表18-3的数据转换成比率，即对 +1~+5月的留存客户数都进行除以当月新增的操作，得到表18-4。

表18-4　用户留存率表

	当月新增	+1月	+2月	+3月	+4月	+5月
2023-06	2031	12%	11%	8%	8%	8%
2023-07	7043	9%	7%	7%	7%	-
2023-08	4732	13%	12%	10%	-	-
2023-09	4979	16%	13%	-	-	-
2023-10	5110	18%	-	-	-	-
2023-11	7101	-	-	-	-	-

从横纵两个角度看表18-4，会发现：

① 横向追踪：每个月的新增用户都会在次月有比较严重的流失（表现最好的2023年10月的次月留存率也只有18%），并在第二个月后平稳降低，最终稳定在7%左右。

② 纵向对比：2023年6～7月，新增客户数激增了5000多人，随后增幅下降。在2023年11月又达到了一个小高峰，猜测可能和学生放寒暑假在家有关（有了更多时间使用流媒体观影）。

18.2.4　延伸应用

同期群表中的留存率还可以换成其他的指标，比如用户的平均消费金额，这样便能从另一个角度来探索数据。只需要将代码块中小循环的功能由求留存人数改成求用户的平均消费即可。

```
# ===================== 统计客户平均消费情况 =====================
    print('下面统计该月之后的每个月的客户平均消费金额情况...')
    for j in range(i+1, len(month_list)):
        next_month_data = df[ df['付款年月']==month_list[j] ]
        # 统计各群的用户平均消费金额
        user_purchase = next_month_data.groupby('脱敏客户ID')['支付
金额'].agg('mean')
        # 统计既出现在该月，又出现在下个月的用户
        next_month_retain = np.intersect1d(current_data['脱敏客户
ID'], next_month_data['脱敏客户ID'])
        print(f'{month_list[j]} 的留存人数：{len(next_month_
retain)}，客户平均消费金额：{round(user_purchase.mean())}')
    print('\n')
```

结果如图18-11所示（只展示一个月）。

```
下面统计：2023-06 的新增情况...
2023-06 是第一个月，无需验证客户是否为新增客户。
该月的新增用户数为：2031
-----------------------------------------------------
下面统计该月之后的每个月的客户平均消费金额情况...
2023-07 的留存人数：252，客户平均消费金额：38
2023-08 的留存人数：216，客户平均消费金额：101
2023-09 的留存人数：163，客户平均消费金额：97
2023-10 的留存人数：156，客户平均消费金额：105
2023-11 的留存人数：164，客户平均消费金额：124
```

图18-11   同期群客户平均消费金额

结果汇总如表18-5所示。从表18-5中可以看出，留存下来的客户的客单价会逐渐提高，且随着时间的推移，用户留存下来的次月客单价一直都有小幅增长。

表18-5   同期群客户平均消费金额表

	当月新增	+1月	+2月	+3月	+4月	+5月
2023-06	2031	38	101	97	105	124
2023-07	7043	101	97	105	124	-
2023-08	4732	97	105	124	-	-
2023-09	4979	105	124	-	-	-
2023-10	5110	124	-	-	-	-
2023-11	7101	-	-	-	-	-

第 **19** 章

ChatGPT 在数据分析领域的应用

随着生成式人工智能（AIGC，artificial intelligence generated content）的大爆发，一些人的危机感也随之而来。面对这滚滚而来的AI浪潮，笔者认为应有的态度是：与其恐惧，不如紧紧跟上这波浪潮。毕竟科技最终的目的是服务于人，而不是让人焦虑，利用好AI带来的效率飞升和机遇，能让我们把宝贵的时间和精力投入到真正能发挥自己长处的地方，从而获得更大的竞争优势。

笔者十分认同王树义老师的观点：ChatGPT时代，见识比记忆更重要，品位比经验更有用。很多时候我们无法很好地利用AI来为自己赋能，并非因为能力欠缺，而只是"不知道"而已。

本章旨在让读者对ChatGPT在数据分析工作中具体能产生什么作用有一个清晰的认识。希望读者能够在阅读完本章后实现举一反三，触类旁通，找到更适合自己的GPT应用方式。

19.1 ChatGPT的提问框架

多少好答案，都在苦苦等待一个好问题。有时我们过于聚焦寻找答案和解决问题的方法，却忽略了一个关键的环节：提出好问题。本节将提供一个专门用于ChatGPT的提问框架，它可以帮助我们获得更好的回答和洞察。

正式讲解提问框架前，我们需要知道：在对ChatGPT发出指令时，首先且最重要的一步是定义任务目标，即希望AI具体做些什么。明确目标后才能发出指令，这个指令不是什么复杂的代码，我们完全可以把这看作是跟朋友在微信上聊天，或者跟同事交接工作时的谈话，只要把意思表达清楚就好。

对于ChatGPT来说，一个清晰的任务指令可以用这个公式来概括：

任务指令 = 角色定义 + 背景信息 + 任务目标 + 输出要求

不要小看这几个看似繁琐的步骤，其效果远比随便提问要好太多。下面我们简单了解一下公式中这几个元素的含义（本章内容基于GPT3.5-turbo）。

（1）角色定义

定义角色的含义是，你希望AI以什么样的角色来提供帮助。哪怕是同一个问题，不同角色给出的回答也可能存在很大差异，这跟现实生活一样，即"术业有专攻"。

（2）背景信息

这个其实很好理解，就像我们接到一项任务，肯定希望尽可能地了解任务的背景信息和前提条件。很多时候，我们提供的背景信息越多且越精确，ChatGPT的回答往往越合乎心意。

（3）任务目标

这一步其实就是把使用者最希望解决的问题或任务写下来。比如，输入"请帮我列一个清单""生成一段Python代码"等。

（4）输出要求

明确角色、背景信息和任务目标后，就到了最后一步，即输出，也就是使用者希望AI以什么方式来完成这个任务。如果不在任务指令的最后加上输出要求，ChatGPT可能会直接输出大段大段的文字，使阅读和理解的难度增加。所以，输出的要求可以设置成带小标题主旨的纯文字、表格等；回答的节奏可以是整段，也可以一步一步分点。以下是我为朋友招待朋友而使用的一段提示语。

你是一位经验丰富的导游，且是深圳本地人。我有一个朋友来深圳拜访我，他是广东人，阳光开朗，口味清淡。请帮我生成一份3天的深圳旅游计划，包含美食推荐，以表格形式输出。

ChatGPT返回的结果如下：

当然，我很乐意为您提供一份3天的深圳旅游计划，包含美食推荐。以下是一个表格形式的示例计划：

日期	行程安排	美食推荐
第一天	上午：参观深圳欢乐谷，体验刺激的游乐设施	午餐：品尝深圳特色小吃，如潮汕牛肉丸、沙茶面等
	下午：前往深圳东部华侨城，参观中国民俗文化村和华侨文化博物馆	晚餐：尝试粤菜，推荐去一家有名的海鲜酒楼
第二天	上午：游览深圳野生动物园，观赏各种珍稀动物	午餐：享用广东早茶，尝试点心和粥类，如虾饺、肠粉等
	下午：逛深圳市中心购物区，如东门步行街或华强北电子市场	晚餐：品尝广东烧腊，如脆皮烧肉、叉烧等
第三天	上午：参观深圳大学，欣赏校园美景和现代建筑	午餐：尝试潮汕菜，如潮汕牛肉火锅、蒸粉等
	下午：游览深圳湾公园，欣赏海滨风光，可选择乘船游览深圳湾	晚餐：尝尝深圳的特色糖水甜品，如绿豆沙、花生糊等

请注意，以上仅是一个示例计划，您可以根据您朋友的具体兴趣和时间安排进行调整。在深圳，有许多美食选择，您可以根据他的口味喜好进行调整和选择餐厅。深圳还有许多其他景点和活动，如欢乐海岸、深圳博物馆、蛇口海上世界等，您也可以根据兴趣添加或替换行程安排。祝您和您的朋友在深圳旅行愉快！

对于笔者来说，AI的输出差强人意，如果直接将这个一板一眼的表格直接转发给朋友的话，还是稍微敷衍了点。于是笔者继续向ChatGPT提问，比如"请给出每个景点的营业时间、门票价格和订票电话之类的信息""请给出推荐的餐厅的具体名字"等。

当然，在你熟练使用ChatGPT后，也完全可以抛弃这个任务指令公式，大胆尝试更有效的提问风格。

19.2 用ChatGPT做数据分析

19.2.1 GPT处理数据

现有一份如表19-1所示的用户消费数据，其数据信息如图19-1所示。

表19-1 用户消费数据（节选）

订单编号	用户ID	产品名称	订单金额	订单日期	收货地址	购买数量	评价得分
ORD001	USR969	手机	3251.0	2023-08-24	上海市	3	3.7
ORD002	USR438	电脑	NaN	2023-08-03	北京市	4	3.0
ORD003	NaN	手机	506.0	2023-11-19	北京市	3	NaN
ORD004	USR267	电视	NaN	2023-12-03	上海市	5	1.5
ORD005	USR141	电脑	1058.0	2023-08-07	广州市	2	3.4

```
<class 'pandas.core.frame.DataFrame'>
RangeIndex: 1000 entries, 0 to 999
Data columns (total 8 columns):
 #   Column    Non-Null Count   Dtype
---  ------    --------------   -----
 0   订单编号    1000 non-null    object
 1   用户ID     686 non-null     object
 2   产品名称    1000 non-null    object
 3   订单金额    660 non-null     float64
 4   订单日期    1000 non-null    object
 5   收货地址    1000 non-null    object
 6   购买数量    1000 non-null    int64
 7   评价得分    677 non-null     float64
dtypes: float64(2), int64(1), object(5)
memory usage: 62.6+ KB
```

图19-1 数据集信息

从图19-1可以看出，数据中的部分列存在缺失值。在正式分析前，可以请ChatGPT帮忙探索一下数据，提供一个数据全貌概览，同时查看是否还存在其他潜在的问题。

注意，有些GPT应用允许使用者直接上传文件，这当然是最省时省力的方法。但若其无法上传文件时，可以将数据的列名等信息放到任务目标中，比如可以输入：

请帮我用 python pandas 处理一份数据，数据的列名分别为：['订单编号', '用户ID', '产品名称', '订单金额', '订单日期', '收货地址', '购买数量', '评价得分']。处理细节如下：

1. '用户ID'列有缺失的话，可以不用管它

2. 将'订单金额'和'评价得分'这两列中的缺失数据删除。

3. 将'产品名称'和'收货地址'这两个类别变量的分布情况打印出来，以百分比的形式。

　　4. 将'评价得分'这个连续变量的概率密度图绘制出来，并附上密度曲线，用 seaborn。

　　ChatGPT 的返回结果如下：

　　当然，我可以帮你处理这份数据。首先，你需要确保已经安装了 pandas 和 seaborn 库。你可以使用以下命令安装它们：

```
pip install pandas seaborn
```

接下来，你可以使用下面的代码来处理数据：
```python
import pandas as pd
import seaborn as sns
import matplotlib.pyplot as plt

# 创建数据帧
data = pd.DataFrame({
    '订单编号': [1, 2, 3, 4, 5],
    '用户ID': ['A', 'B', 'C', None, 'E'],
    '产品名称': ['产品1', '产品2', '产品3', '产品4', '产品5'],
    '订单金额': [100, 200, None, 400, 500],
    '订单日期': ['2021-01-01', '2021-02-01', '2021-03-01', '2021-04-01', '2021-05-01'],
    '收货地址': ['地址1', '地址2', '地址3', '地址4', '地址5'],
    '购买数量': [1, 2, 3, 4, 5],
    '评价得分': [4.5, None, 3.8, 4.0, 4.2]
})

# 删除缺失的订单金额和评价得分数据
data = data.dropna(subset=['订单金额', '评价得分'])

# 打印产品名称和收货地址的分布情况
product_distribution = data['产品名称'].value_counts(normalize=True) * 100
address_distribution = data['收货地址'].value_counts(normalize=True) * 100
print("产品名称分布情况：")
print(product_distribution)
print("\n收货地址分布情况：")
print(address_distribution)

# 绘制评价得分的概率密度图
```

```
sns.distplot(data['评价得分'].dropna(), kde=True)
plt.xlabel('评价得分')
plt.ylabel('概率密度')
plt.title('评价得分概率密度图')
plt.show()
```

请注意，上述代码中的数据是示例数据，你需要将其替换为你实际的数据。

上面的回答中，GPT贴心地帮我们构建了一份数据集来辅助说明生成的代码该如何使用。我们只需要把代码复制到jupyter notebook中，更改部分变量名即可得到数据处理的结果（图19-2）。

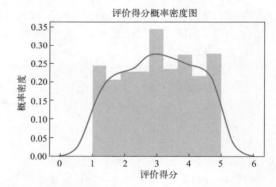

```
<AxesSubplot:xlabel='评价得分', ylabel='Density'>

Text(0.5, 0, '评价得分')

Text(0, 0.5, '概率密度')

Text(0.5, 1.0, '评价得分概率密度图')
```

产品名称分布情况：
电脑   0.290043
手机   0.244589
电视   0.235931
耳机   0.229437
Name: 产品名称, dtype: float64

收货地址分布情况：
广州市   0.253247
上海市   0.248918
北京市   0.248918
深圳市   0.248918
Name: 收货地址, dtype: float64

图19-2　GPT处理和可视化数据的结果

如果代码在运行的过程中出现了报错，也可以再次询问ChatGPT。笔者在第一次粘贴代码后发现概率密度图绘制失败，于是询问"你刚刚提供的代码中，评价得分的概率密度图显示不出来"，得到回答"抱歉，我之前的代码有误。在绘制概率密度图时，需要使用seaborn库的distplot()函数而不是kdeplot()函数。以下是经过修正的代码：……"，再次粘贴后运行成功。

19.2.2　GPT实现假设检验

根据图19-2的数据探索结果，我们希望用统计学中假设检验的知识来探究下面两个问题：

　　① 对于电脑这个品类，北上广深四个城市的购买用户对它的评分会有差异吗？

　　② 北京和上海这两个地方的耳机用户的评分会有差异吗？

　　需要注意的是，先前我们对GPT的提问中虽然包含了所需的列名，但它还不知道每一列的组成，所以在接下来的提问中需要给予提示：

　　请帮我对下面这两个问题分别进行假设检验，并给出 Python 代码：

　　1.　对于电脑这个品类，北上广深四个城市的购买用户对它的评分会有差异吗？

　　2.　北京和上海这两个地方的耳机用户的评分会有差异吗？

　　数据集 df 的列名为：['订单编号', '用户ID', '产品名称', '订单金额', '订单日期', '收货地址', '购买数量', '评价得分']，其中 '产品名称' 列有"电脑，手机，电视，耳机"这四样；'收货地址' 列有"广州市，上海市，北京市，深圳市"

　　输出格式要求：

　　1.　不同的问题要隔开输出

　　2.　进行假设检验之前，先打印出各个群体的平均值，以供观察

　　3.　假设检验时，要输出检验统计量的值和 p 值

以下是ChatGPT给出的回答：

　　好的，以下是根据您提供的要求，对两个问题进行假设检验的完整Python代码：

```python
import pandas as pd
from scipy.stats import f_oneway, ttest_ind

# 加载数据集
df = pd.read_csv('your_dataset.csv')
# 将 'your_dataset.csv' 替换为您的数据集文件路径

# 1. 对于电脑这个品类，北上广深四个城市的购买用户对它的评分是否有差异
print("问题1：")
# 筛选出电脑品类的数据
df_computer = df[df['产品名称'] == '电脑']
```

```
# 根据城市进行分组
grouped_cities = df_computer.groupby('收货地址')

# 打印各个城市的评分均值
for city, group in grouped_cities:
    mean_score = group['评价得分'].mean()
    print(f"{city}的平均评分: {mean_score:.2f}")

# 提取每个城市的评分数据
city_scores = [group['评价得分'].values for city, group in grouped_
cities]

# 执行方差分析( ANOVA )
f_statistic, p_value = f_oneway(*city_scores)

# 输出结果
print("方差分析结果: ")
print(f"检验统计量( F值 ): {f_statistic:.2f}")
print(f"p值: {p_value:.4f}")

if p_value < 0.05:
    print("根据假设检验，不同城市的购买用户对电脑的评分存在显著差异。")
else:
    print("根据假设检验，不同城市的购买用户对电脑的评分没有显著差异。")

print("\n")

# 2. 北京和上海这两个地方的耳机用户的评分是否有差异
print("问题2: ")
# 筛选出耳机品类的数据，并分别筛选出北京和上海的数据
df_headphones = df[df['产品名称'] == '耳机']
df_beijing = df_headphones[df_headphones['收货地址'] == '北京市']
df_shanghai = df_headphones[df_headphones['收货地址'] == '上海市']

# 提取北京和上海的评分数据
scores_beijing = df_beijing['评价得分']
scores_shanghai = df_shanghai['评价得分']

# 打印北京和上海的评分均值
mean_beijing = scores_beijing.mean()
```

```
mean_shanghai = scores_shanghai.mean()
print(f"北京的平均评分：{mean_beijing:.2f}")
print(f"上海的平均评分：{mean_shanghai:.2f}")

# 执行独立样本t检验
t_statistic, p_value = ttest_ind(scores_beijing, scores_shanghai)

# 输出结果
print("独立样本t检验结果：")
print(f"检验统计量（t值）：{t_statistic:.2f}")
print(f"p值：{p_value:.4f}")

if p_value < 0.05:
    print("根据假设检验，北京和上海的耳机用户的评分存在显著差异。")
else:
    print("根据假设检验，北京和上海的耳机用户的评分没有显著差异。")
```

请确保将代码中的 'your_dataset.csv' 替换为您实际数据集的文件路径。代码将按照您要求的格式打印输出各个群体的平均值以及假设检验的结果。

复制并运行，得到如图 19-3 所示的结果。

```
问题1：
上海市的平均评分：3.08
北京市的平均评分：2.82
广州市的平均评分：2.92
深圳市的平均评分：3.03
方差分析结果：
检验统计量（F值）：0.30
p值：0.8246
根据假设检验，不同城市的购买用户对电脑的评分没有显著差异。


问题2：
北京的平均评分：2.86
上海的平均评分：3.42
独立样本t检验结果：
检验统计量（t值）：-1.85
p值：0.0696
根据假设检验，北京和上海的耳机用户的评分没有显著差异。
```

图19-3　GPT实现假设检验

19.2.3　GPT实现分类算法

本例以随机森林预测宽带用户流失中的数据集 broadband.csv 为例，使用GPT实现逻辑回归、决策树和随机森林等分类算法，并给出模型优化的方案和评估对比结果。

这个任务需求相对复杂一些，按照任务指令公式拆解后在对话框中输入：

我有一份名为 broadband.csv 的数据，列名如下：['CUST_ID', 'GENDER', 'AGE', 'TENURE', 'CHANNEL', 'AUTOPAY', 'ARPB_3M', 'CALL_PARTY_CNT','DAY_MOU','AFTERNOON_MOU','NIGHT_MOU','AVG_CALL_LENGTH', 'BROADBAND']。其中，因变量为 'BROADBAND'，除了 'CUST_ID'，其他都是自变量。

请帮我用 sklearn 实现逻辑回归、决策树和随机森林这三个分类算法，并给出模型评估。

输出要求：

1. 先使用三个算法建模，最后再一起评估。

2. 评估使用的标准：精确度、召回率、ROC 曲线和 AUC 值。

3. 三个算法的 ROC 曲线绘制在同一张图里，以 1 行 3 列的画布形式输出各个子图。

4. 三个算法的精确度和召回率，把它们放在同一张表格里输出

返回的代码较长，在此不再展示。粘贴代码后的运行结果（图 19-4）十分令人满意。至于算法的参数调整和优化，读者可自行尝试。

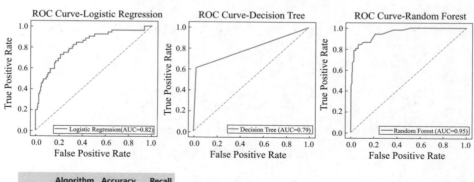

图 19-4   ChatGPT 分类算法代码运行结果

19.3　用ChatGPT分析业务问题

这一节，笔者将一份数据上传给GPT，并跟它同步数据的业务背景，最后再请它分析数据中潜在的问题并给出业务指导建议。数据如表19-2所示。

下面把数据上传给ChatGPT的同时，提出基础的探索性分析需求，如图19-5所示。

表19-2　用户打车数据（节选）

	用户 ID	距上一次打车时间（天）	过去30天内打车次数	过去30天内总消费
0	A3	0	36	2772
1	A27	1	24	1824
2	A12	0	29	1450
3	A46	3	16	1216
4	A38	8	18	1008

图19-5　对ChatGPT提出需求

GPT给出的回答如下：

好的，我将为您提供关于这份数据的概览。

1. 数据的维度和列名：
   - 数据维度：共有100行数据
   - 列名：用户ID、距上一次打车时间（天）、过去30天内打车次数、过去30天内总消费

2. 类别变量的唯一值的个数：
   - 用户ID列的唯一值个数：100

3. 连续变量的统计信息表格：

列名	最大值	最小值	均值	标准差	中位数	25%分位数	75%分位数
距上一次打车时间（天）	30	0	13	9	14	4	20
过去30天内打车次数	36	1	10	8	11	3	16
过去30天内总消费	2772	24	501	561	312	138	623

请注意，这些统计信息是基于提供的数据进行计算得出的。

根据回答中的表格，我们发现：

① 距上一次打车时间（天）的均值为13天，但最大值达到了30天，说明一部分用户的活跃度较低，需要进一步了解原因并采取措施提高其打车频率。

② 过去30天内打车次数的均值为10次，标准差为8次，说明用户打车次数的波动性较大。这意味着部分用户的需求不稳定，需要深入研究用户行为和市场竞争情况，以制订相应的策略来提高用户忠诚度和增加打车次数。

③ 过去30天内总消费的均值为501元，但标准差为561，最大值和最小值的差值竟然取到了2772−24=2748。这说明用户的消费金额差异较大，可能是因为不同用户的消费习惯和需求差异较大。我们需要进一步了解高消费用户和低消费用户的特征，并根据不同用户群体采取个性化的运营策略，以提高用户价值和收入。

因为"距上一次打车时间（天）""过去30天内打车次数""过去30天内总消费"这三个连续变量刚好对应了RFM模型中三个字母的含义，所以下面对这份数据求每个用户的R、F、M值。传入GPT的任务指令如下：

帮我对这份数据进行 RFM 分析，其中，R、F、M 与数据集中的变量的对应关系如下：

R：距上一次打车时间（天）

F：过去30天内打车次数

M：过去30天内总消费

打分的标准如下：

标准	R 分值	F 分值	M 分值
＜20% 分位数	5	1	1
20%(含) ～ 40% 分位数	4	2	2
40%(含) ～ 60% 分位数	3	3	3
60%(含) ～ 80% 分位数	2	4	4
80% 分位数	1	5	5

最后只需要随机输出结果的 10 行做一个展示即可

GPT 返回的结果如下：

好的，按照您的要求，我将为刚才传入的数据进行RFM打分，并随机选择10行数据进行展示。

以下是对数据进行RFM打分后的随机展示的10行数据：

用户ID	R分值	F分值	M分值
A21	1	4	4
A36	1	3	5

续表

用户ID	R 分值	F 分值	M 分值
A43	4	3	5
A7	1	4	4
A55	1	4	4
A22	1	2	2
A41	2	4	4
A53	1	4	4
A45	4	2	5
A28	3	1	2

　　这些是随机选择的10行数据的RFM打分结果。您可以根据这些分值来评估用户的重要性和价值。

　　得到每位打车用户的R、F、M后，我们使用矩阵法来先分析M、F的情况。于是再次请教GPT：

　　　　对R、F、M打分后的数据做一个列联表分析，请帮我构建这个列联表，列联表的组成如下：
　　　　1. 横轴-M分值；纵轴-F分值
　　　　2. 列联表中以占比的形式输出

　　它的回答如下：

　　好的，根据您的要求，我将为R、F、M打分后的数据构建一个列联表，并以占比的形式输出。以下是根据M分值和F分值构建的列联表，以占比的形式输出：

F 分值 M 分值	1.0	2.0	3.0	4.0	5.0
1.0	40%	44%	8%	0%	0%
2.0	60%	16%	23%	5%	0%
3.0	0%	32%	38%	30%	0%
4.0	0%	8%	31%	40%	32%
5.0	0%	0%	0%	25%	68%

　　请注意，表格中的数值表示每个组合的占比，保留整数。

　　根据上面这个回答中的列联表，结合GPT之前回答中的连续变量统计表，再根据网约车的一些业务背景，我们发现：

　　① F分值低（1.0）时，没有M值超过3.0的用户，说明大概率没有长途用户。

　　② F分值中等（2.0～3.0），且M值也中规中矩（2.0～3.0）的用户群，可能是一些通勤距离较短的日常上班族。

　　③ F分值高（5.0）的用户中，M分值也特别高（5.0）的占了68%，猜想这可能是一批商旅用户，时常出差且可以报销。

19.4　ChatGPT应用小结

　　本章介绍了ChatGPT的提问技巧，并展示了其在数据处理和分析中的应用。读完本章，部分读者可能会颇感焦虑，觉得自己以往学习和积累的数据分析等知识都白费了。其实大可不必，因为这些知识会在我们使用辅助数据分析时发挥重要的作用。无论是更准确地表达分析需求，还是对分析结果进行甄别，数据思维和分析能力才是我们驾驭工具、洞悉数据背后真相的根本。

　　未来的数据分析工作，一定会趋向自动化与智能化。因此，我们确有必要以更多元的思维和视野，以更开放和包容的心态去学习和掌握新工具、新方法，从而面对未知的挑战。